U0305961

DEATH OF SPECIES

物种之死

—— 第六次物种大灭绝 ——

[法] 阿兰·埃尔努 (Alain Ernoult) 著
钟欣奕 译

華中科技大學出版社
http://press.hust.edu.cn
中国·武汉

Nikon D3
Nikon
NATIONAL PARK
Nikon

前言

阿兰·埃尔努"突破极限"的动物摄影作品

自然摄影师阿兰·埃尔努曾周游世界，用摄影记录自然栖息地遭受威胁的野生动物影像。他的拍摄项目"第六次大灭绝"旨在呈现地球生态系统的丰富多彩。这不仅是对美的追求，还表明他深信照片具有直击心灵的力量。他也坦承，单靠一张照片很难展现所有信息。但照片不以文字讲述，反而能够超越细枝末节，直奔主题。

从亚马孙河到非洲大陆，阿兰·埃尔努不断尝试深入探索地球的奥秘，了解自然的发展历程。这位冒险家直言，身处野生动物之中，危险在所难免。他试图拍摄动物的真实写照，也深谙将此付诸实践所面临的艰难险阻，或环境复杂艰险，或动物难以接近。这不但考验耐性，还要求摄影师能够随机应变、熟悉动物习性，拍摄需要静候数小时甚至数日，只为拍下那一张照片。阿兰·埃尔努致力于追求的，是与动物的亲近、交流、默契及眼神的对视。他以照片的形式来诠释每次邂逅的独特之处，时常近距离地如实捕捉动物之美。要想拍到这些罕见镜头，他必须与动物面对面，即便遭遇最危险的情况，也要与其零距离地四目相对。事实上，若与动物相距过远，更难察觉其情绪。正如他本人所言："野生动物摄影是快镜摄影。动物不会摆拍，行为难以预测，且只有周边环境充当背景。非洲大陆物种丰富，其中包括我们这个星球上最庞大、雄伟的动物。但是，由于这片土地毫无藏身之处，恐惧令生活在此的动物丝毫不敢松懈、时刻准备逃生。对它们来说，这主要是实力的较量。擅长跳跃的非洲瞪羚仅靠闪电般的速度与极其敏捷的奔跑技巧，就能逃过猎豹的追捕。在那一刻，我得保持一动不动，捕捉它眼中闪现的恐惧，钦佩它所展示的生存绝技。"

阿兰·埃尔努自述

能亲眼看到山地大猩猩可谓我儿时的一个梦想，在海拔3645米的萨比尼奥火山之侧，这个梦想终于得以现实。这座死火山位于刚果民主共和国、卢旺达和乌干达三国接壤处的边境，是非洲东部最后一块山地大猩猩的栖息地。

清晨刚破晓，我们便跟随当地向导爱德华出发，前往火山寻找山地大猩猩。和几乎所有的当地向导一样，他也曾是一名偷猎者。引导偷猎者改行当导游，这是当地政府了不起的创举。爱德华挥砍大刀为我们在茂密、湿滑的丛林中开出一条小路。我们必须留神能够引发荨麻疹的蚂蚁，它们会钻进鞋里叮咬腿部。爱德华仔细观察四周，因为随时可能会冒出象群，这才是最危险的事情。我们还偶遇了一支反山地大猩猩盗猎的步枪突击队。

攀爬数日后，我们终于首次见到了山地大猩猩族群。我瞬间被它们庞大无比的身形和眼神流露出的情绪所震撼。我当时只有一个想法：向它们靠近，进一步感受这种情绪带来的强烈冲击。我慢慢向一只带着年幼小猩猩的雌性凑近……它竟然也让我靠近——我很庆幸自己此刻还能活着分享当时拍下的画面，因为就在那时，占统治地位的雄性族群首领正向我们快速跑动而来，它的四肢如此矫健，身体如高山般移动。我们的导游见势不妙赶紧逃跑了，我却还在抓紧一切机会拍个不停。这只庞然大物挥拳砸向我的肩膀，我从马背上摔了下来，磕伤了膝盖。幸好它仅以此警告这不是我该待的地方，因为它如果想要我的命是易如反掌的。这次与动物的"交锋"成了我生命中最宝贵的瞬间。

有一回，我在南非拍摄鳄鱼。因为想抓拍鳄鱼张开长吻的镜头，我移动到了距它仅3米的地方。当时拍得太投入，竟然没留意到身后的那棵"树"其实也是只鳄鱼，它还径直向我游来。万幸的是我身边有朋友照看。

去年夏天，也是在南非，我正要拍摄的一头年轻犀牛突然向我冲了过来。所幸它猛地停在了我为保护自己而事先架在中间的相机前方！

我在第一次亲眼目击座头鲸跃出海面时，只有一个念头，那便是潜入水中与它一同遨游大海，让这个瞬间永远留在记忆里。

虽然对人类没有攻击性，但座头鲸的庞大体形和游动速度实在令人咋舌。作为海洋霸主，成年座头鲸可重达30吨！一头雌鲸守护着幼鲸，慈爱有加、尽显温情。而我以往想呈现的就是这种让它们紧密相连的关系。我们觉察到这头雌鲸十分聪明，它也对我这个渺小的人类产生了兴趣。

我能否拍到理想的照片取决于动物是否接受我。在北极的零下30℃的清晨，我待在大浮冰上看着太阳渐渐升起。北极熊就在离我不远的地方。对人类来说它们是最危险的十大动物之一，还是地球上最大的肉食性动物。为了拍到它们，我往前移动了3米的距离。尽管体形庞大的北极熊视力不佳，但是嗅觉十分灵敏。天性好斗的它们挥一掌就能让我身首异处！在必要情况下，巨大的身躯也不影响它迅速移动。而且在冰块上，我是怎么也跑不过北极熊的！我的心怦怦乱跳，但还是很庆幸能够在其栖息环境里拍下它们的照片，也很高兴能让大家了解到由于气候变暖，它们身陷险境。

怀着热情与赞叹试图窥探这些濒危动物之美的同时，我也希望能让越来越多人明白我们的地球家园是统一的生态系统。若你能通过这些照片感受到我无尽的赞叹，那我冒险所做的一切都是值得的。

目录

引言

野生生物，四目相对

——阿兰·埃尔努（*Alain Ernoult*）／文

周游世界各地拍摄野生生物是我的激情所在。多年以来，我一直希望能策划可服务于动物保护的艺术拍摄项目，让大家更多关注到脆弱的生物多样性和丰富的动物物种。密切关注维护和保护野生生物的我，决定通过照片来描绘心中的这份激情，致力于濒危动物的拍摄计划。本书以“第六次物种大灭绝”为主题，注重向读者传达我想要分享的情绪，并旨在通过这种拍摄理念，唤起大众对地球物种处于危险处境的意识。

我还希望读者能感动于大自然的美丽和动物的奇妙，它们的行为举止与人类相似，但同时又如此野性纯真。这些动物的神秘色彩、惊人力量、灵活矫健、坚韧不拔、机敏狡猾、自由自在……这一切都使我深深着迷。它们的美丽令我神魂颠倒，它们的强烈情感让我毕生难忘。

濒危物种的照片，尤其是部分具有象征意义的动物，对我们的后代来说弥足珍贵，因此我愿意为它们创建详尽的影像记录。面对某些动物的毁灭性灭绝，我通过拍摄为这些可能不久后便会绝迹的动物留下珍贵的影像记忆。

自生命诞生以来，我们的星球已遭遇过五次动物物种大灭绝，无一例外都归因于自然灾害。最近一次发生在6500万年前的恐龙灭绝时期。

从那以后，环境变化便与人类诞生相互关联。“自最初以来，人类的迅速发展对地球上的大部分动物来说都是灾难，除了老鼠和蟑螂以外。”[1] 人类还未发明车轮（约公元前3500年），就已造成半数大型陆地哺乳动物灭绝！

人类向来都是生态链中的捕杀者。在地质时期的划分上，工业革命——被称作“人类世”的新时代——标志着物种以指数级速度灭绝，与此同时，极端天气事件席卷全球，比如热浪来袭、洪水肆虐……

在短短的两个世纪内，人类不断通过发展现代文明来改造地球生态系统。如今，所有大洲的生物多样性都遭受了骇人听闻的严重破坏。全世界都面临着生物群落的第六次大灭绝，这种生态毁灭对人类生存构成巨大威胁。

多样性是我们地球的鲜活组织，正是种类繁多的物种才让这颗星球生机盎然。“世界环境遗产正在以前所未有的程度遭到破坏。”[2]

自1500年起，已有680种脊椎动物灭绝，其中陆生动物比水生动物更多。这样的灭绝速度与地质时期的几次大灭绝不相上下。

现在，我们对这次环境大灾难的了解更深：栖息地被毁、资源过度开发、环境污染、外来物种入侵和气候变化。密集型农业扩大和大规模砍伐森林也都留下了难以痊愈的伤疤。例如在40年间，超过4亿只生活在欧洲大陆的鸟消失了；自1970年以来，脊椎动物物种数量平均减少了68%（根据世界自然基金会《地球生命力报告2020》）。而在海洋区域，大量污染物排放造成的水体严重富营养化已经导致400多个海洋死区的出现。重金属、化学溶剂、化肥、有毒污泥等来自工业场所的废弃物排入世界的各个水域，也是造成环境恶化和生物多样性丧失的主因。

“一大部分自然世界已经消失不见，而留存的那部分仍难逃同样的厄运。”[3] 据估计，地球上有800万个物种（包括550万种昆虫），其中约有50万至100万个动物物种濒临灭绝，甚至很多会在不久的将来无迹可寻。

狮子、大象、长颈鹿、豹、大熊猫、猎豹、北极熊、狼和大猩猩，这些魅力十足的动物通常都是打造生态环境的工程师，例如大象能防止稀树草原变成茂密森林。人们也称这些动物为“保护伞”，它们的存在能间接保护生活在同一片栖息地上的其他物种。而上述这些品种较少的大型哺乳动物，却更加易受攻击。将来我们的子孙后代问起猎豹长什么样子的时候，会有谁能回答这个问题呢？

人们深感痛心不仅是因为某些动植物物种可能濒临灭绝，还因为自身生活条件遭到破坏。土地条件及其有机物质的恶化使全世界土地的总产量大幅减少。[4] 部分农作物年产量每年都会面临授粉动物消亡的危险。研究人员表示：“自然世界对人类生存和优质生活来说至关重要。全世界一半的自然植物产物都被人类获取利用。”

生物演变导致传染病迅速传播和大型哺乳动物减少。热带地区是推动新物种演变的实验室，而生物多样性的消失将延续数百万年之久。根据当前估计，已灭绝的物种要重现地球，需要500万年，甚至1000万年的时间。而在这之前，地球物种不可能恢复到相当水平。这对我们的子孙后代来说很不公。

大量常见物种数量骤减是生物灭绝的严重警示信号。若物种失去多样性，我们也会以失去生物和生命而告终。一个物种的消失可能会引发一大批相互依存的物种毁灭。

某种大型猎食动物的消亡或稀缺所造成的连锁反应会有多严重？当杀虫剂导致昆虫授粉减少到危害某区域植物群的程度，又会是怎样的景象？大型动物通过排泄粪便将营养物质携带到各处，它们在其中起到什么重要作用？食腐猛禽（如秃鹫）、河流清道夫（如两栖动物）、食用果实种子并通过粪便播种的动物，以及踩踏土地时埋下种子的蹄类动物，它们又如何呢？大型食草动物是如何有助于维持森林和牧场面积比例协调的？尽管不受演变局限，人类却仍然离不开地球生态系统与地球化学系统。颠覆这些系统的同时，我们也让自身生存陷入危险境地。“智人可能不仅是第六次大灭绝的始作俑者，也是受害者之一。”[5]

生命演变进程最深刻的启发之一就是，物种必然会走向灭亡，生命终有尽头，适应能力有限。这一论断适用于地球上的所有生命物种及其生长环境。人类是生物多样性的主要威胁，但也能够力挽狂澜，避免大灭绝的发生。生态崩溃或许能缓解，可灭绝危机却不可逆转。人类适应的成功是基于其对自身环境的主观调整。但是，这些改造也有可能让我们深陷泥沼。治理环境的最佳动机是自我保护。因此，人类应采取持久方法来保护地球物种的多样性，这是绝无仅有的珍贵遗产。

---

1 引自尤瓦尔·赫拉利（Yuval Noah Harari）著作《人类简史：从动物到上帝》（*Sapiens: A Brief History of Humankind*）的法国版，阿尔班·米歇尔出版（Albin Michel），2015年出版。

2 引自“生物多样性和生态系统服务政府间科学”政策平台网站——https://ipbes.net/news/Media-Release-Global-Assessment-Fr，2019年5月6日内容。

3 同上。

4 土地面积产量因土地条件恶化而减少了23%。

5 引自《纽约客》专栏作家伊丽莎白·科尔伯特（Elizabeth Kolbert）著作《第六次大灭绝：不自然的历史》（*The Sixth Extinction: An Unnatural History*）的法国版，维贝尔出版社（Vuibert），2015年出版。该书取名自著名人类学家理查德·利基（Richard Leakey）在1995年的同名著作。

大型动物

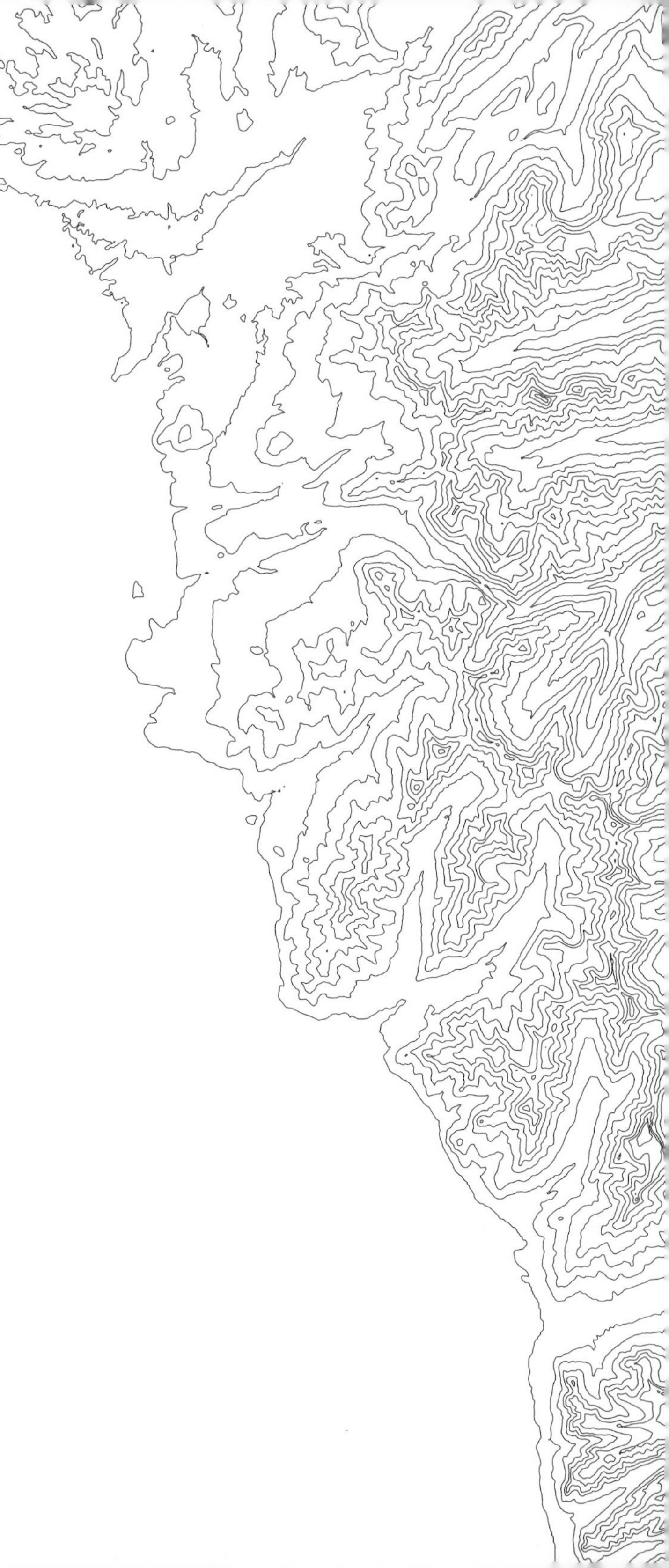

美洲野牛

美洲野牛是仍存活的两种野牛之一，另一种是欧洲野牛。美洲野牛虽看似笨拙迟钝，但常发动奇袭，每年都有不少疏忽大意的人命丧牛蹄之下。通常，它只要看一眼，就能捕捉到周围大概至少40米内存在的危险。目前的美洲野牛群基本都是与其他牛的配种。具有基因差异的野牛中，通常每四头就有一头感染布鲁氏菌病，而为了控制这种人畜共通的传染病，每年都会有数千头野牛必须被屠宰处理。对很多美国人来说，美洲野牛具有象征意义，代表着美洲印第安文化。

作为野生物种重新引入的成功范例，美洲野牛却曾在19世纪末几近灭绝。为了获取牛毛或牛肉，也为了保护铁路不受野牛群的破坏，美洲野牛遭到大规模捕杀。另一原因还在于，使以野牛为生的印第安人食不果腹，更便于打压。

如此一来，到了1890年，这种栖息于北美洲的野牛仅剩750头。由于惨遭偷猎者毒手导致黄石当地野牛仅剩数十头，于是圈养在纽约布朗克斯动物园的部分野牛群被转移到美国黄石国家公园。

重新引入后的美洲野牛数量迅速增加，一度达到35万头，其中很大一部分都处于圈养状态。这一数字尽管对物种存活来说是个好消息，但也是相对的——据估计，在1816年到1830年间，美洲野牛有6000万至1亿头。如今，黄石国家公园中有十分之一的野牛无法熬过寒冬。

美洲野牛还面临无数威胁：栖息地丧失、基因多样性减退、家畜杂交繁殖，以及为避免牛类疾病传播的大规模屠宰野生牛群。

无论是美国还是加拿大的国家公园，如黄石国家公园、森林野牛国家公园，这类场地的建立都能够帮助野牛群稳定繁殖，保证物种的持续性。美洲野牛被列为近危物种。

“地球上存活着870多万个物种，

它们大小不一、形态各异。

物种演化给我们留下了一笔珍贵遗产……”

座头鲸

—— *Megaptera novaeangliae*

这些海洋中的庞然大物纵身跃出水面，场面蔚为壮观，甚至惊心动魄。它们时而炫耀求偶、翻腾飞跃，时而加速前冲、灵敏躲闪，使人渴望扎入水中向其靠近。座头鲸目光犀利，眼前的鲸鱼和幼鲸距离摄像机有1米远。

若不是在1966年通过了座头鲸禁捕令，阻止其灭绝，我们很可能早就永远无法听到它们动人的鲸语，而当时有90%的座头鲸都已消亡。

世界自然保护联盟（UICN）在最近一次评估中指出，座头鲸被列为“无危物种”，除了两类生活在大洋洲和波斯湾的须鲸亚目。

座头鲸出没在世界各大洋和水域，属于须鲸科，而该科仍存活的13种须鲸中，有一半被列为近危物种。

在潜水过程中，座头鲸的尾鳍常会向上举并露出水面。巨大的黑白尾鳍展开后宽达4米，强劲有力，具有波浪状耸起的边缘。尾鳍腹面有色斑，不同个体身上的色斑各异且终身保持不变，因此这一特征有助于个体辨识。

有洄游习性的座头鲸是名副其实的碳储存器，迁徙时在各大水域和海洋中的排泄物富含铁和氮，非常利于浮游植物群落的生长。浮游植物是地球不可或缺的微观生物——为这个星球释放出超过50%的氧气，并吸收40%的二氧化碳，重量约为370亿吨。这相当于4个亚马孙森林，即17,000亿棵树所吸收的二氧化碳总量。

此外，主要以浮游生物为食的座头鲸会终身将碳储存于体内——这类海洋哺乳动物死亡后，可带着33吨碳沉入海底深处，使其远离大气层数百年之久，而一棵树每年的二氧化碳吸收量仅为48千克。

座头鲸的数量正呈上升趋势，如今约有8万头。虽然大规模的捕杀已经停止，但格陵兰岛和加勒比海地区东部的贝基亚岛的当地人仍在继续捕食座头鲸。这种庞然大物还是世界上颇受赏鲸之旅欢迎的品种之一。座头鲸被列为无危物种。

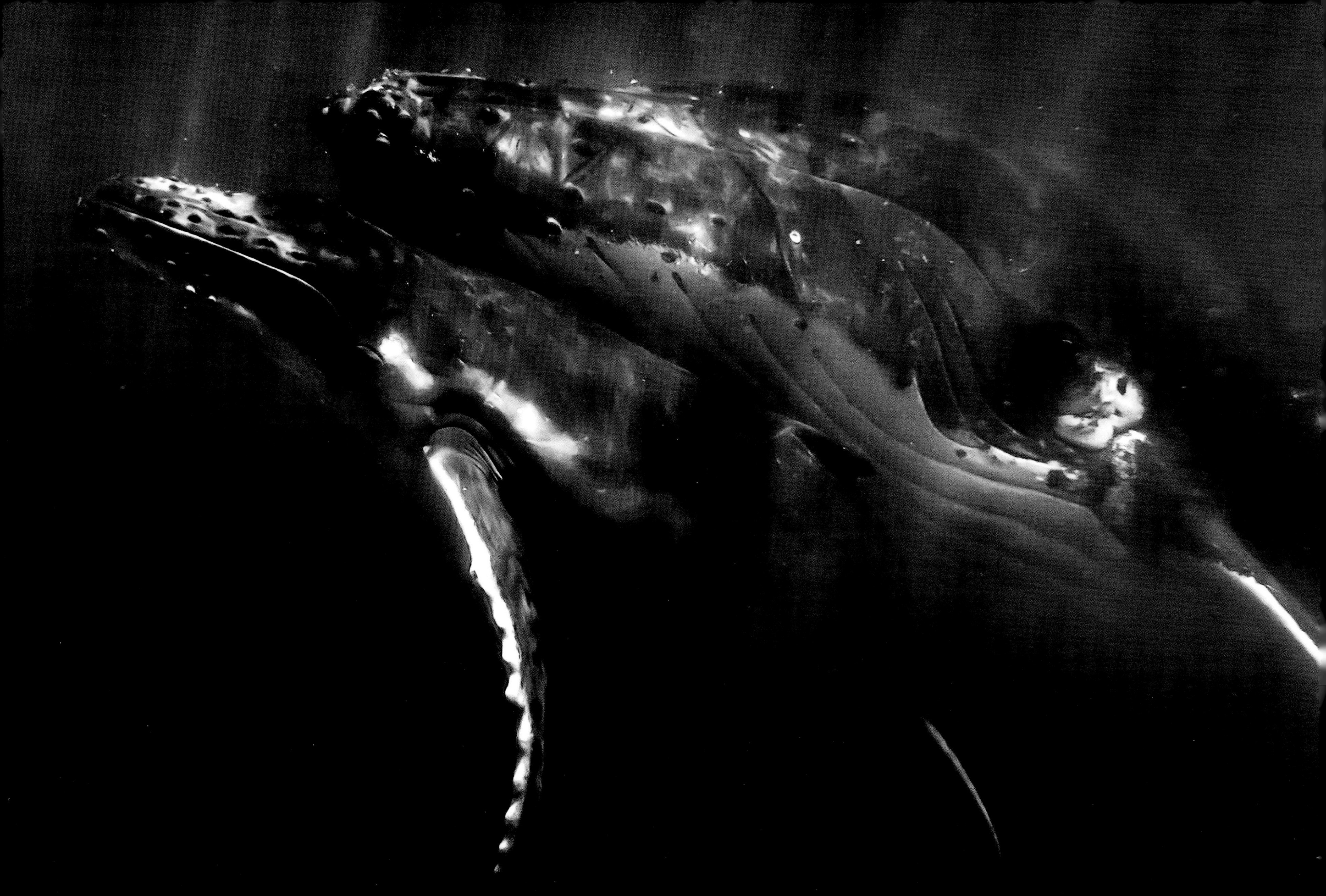

“揭示自然奥秘是我的职责所在。

我报道的事实部分源于我亲眼所见。

我通过照片诠释自身情感，

以将其传递与分享。”

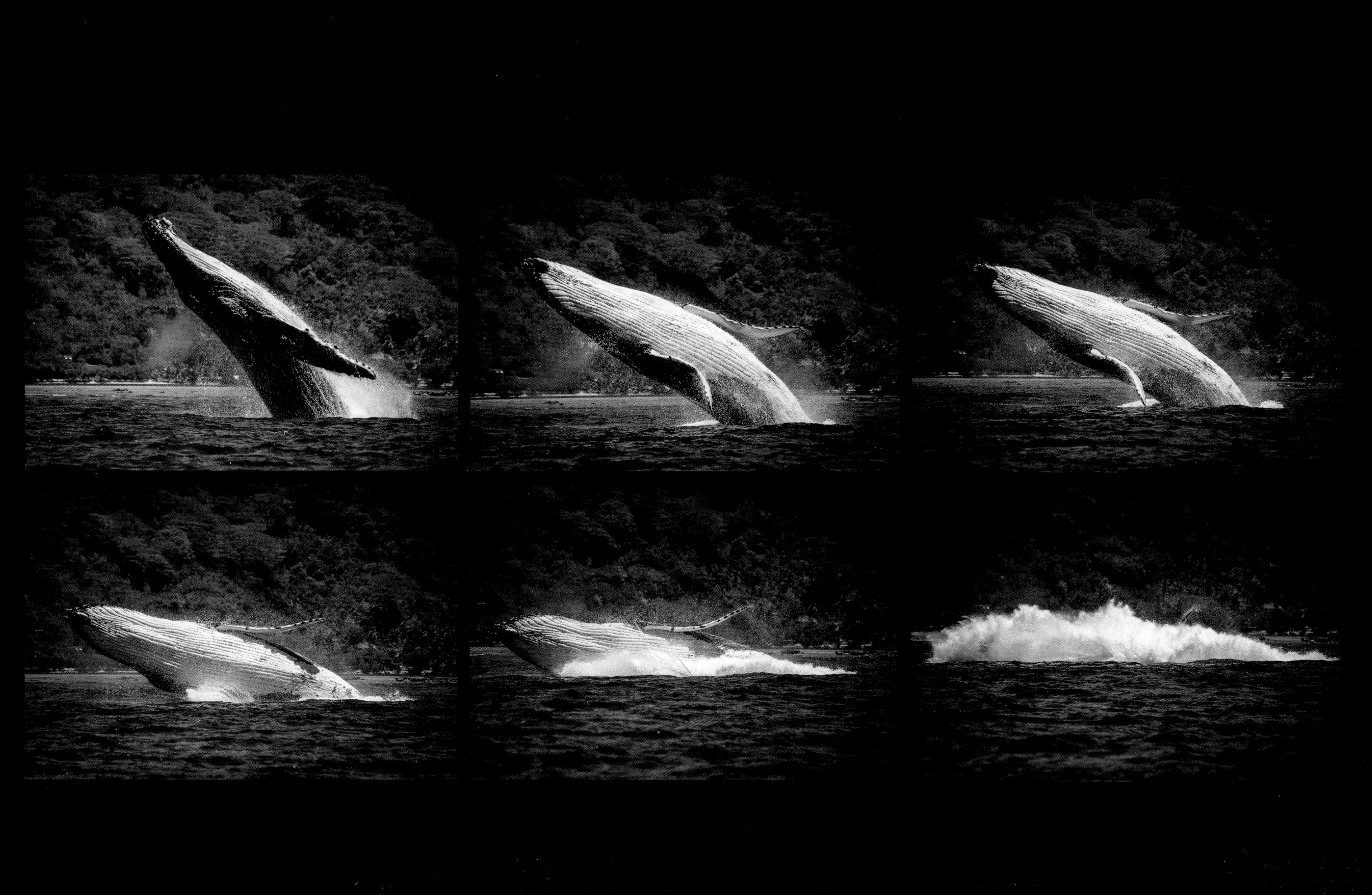

河马

——Hippopotamus amphibius

法国唯美主义诗人泰奥菲尔·戈蒂耶（Théophile Gautier）曾写道："拖着肥大肚子的河马/栖息在爪哇岛的丛林间/那儿的每座洞穴深处/都有比梦中更多的怪物在低声嗥叫。"尽管苏门答腊岛上仍有几头河马存活，但这种动物已在撒哈拉以南的非洲称霸了数千年之久。河马属哺乳类动物，与鲸目的亲缘关系最为密切。它的视觉和听觉功能在水下不受影响，可以在水里泡一整天，只有眼睛、耳朵和鼻孔露出水面。河马可在水中交配、哺乳和休息，偶尔打打瞌睡。另外，幼河马学会在陆地行走前，会先学游泳。它们在陆地行走不比游泳灵敏。多配偶制的河马在雌性河马的带领下群居生活。河马生性暴躁且攻击性极强，被认为是非洲最危险的动物，平均体重在2.5吨到3.5吨之间，但冲刺速度可达每小时30千米。作为食草动物，河马通常在夜里吃草，同时发出与其他河马一致且1千米外都能听到的音频信号。河马的叫声夹杂着吼声、咆哮声和低嗥声。

河马的下犬齿可长达60厘米、重1千克，锋利如刀，像獠牙似的伸出。下犬齿与上犬齿相向生长，咬合磨成令人生畏的武器。与众多不同种类的猪一样，河马的门牙几乎水平往外。它的上颚可打开至150度，雄性河马开战时（有可能致死），会撞断犬齿，仔细观察能在年长的河马身上看到。河马浅灰色的皮肤可分泌出红色的天然防晒液膜，通常被称为"血汗"。这种分泌物具有抗菌作用，可以治疗伤口。

能捕杀河马的动物很少，根据其年龄有所不同，如狮子、鬣狗和鳄鱼会攻击年幼的河马。不过，对于稀树草原上的真正霸主来说，成年河马的猎杀者只有为获取其犬齿而偷猎的人类。河马犬齿逐渐代替非法交易中的象牙。只可惜与法国作家维克多·雨果笔下的描述相反，河马并没有坚硬的甲壳护身，抵挡不住偷猎者的子弹。最近，有重达5吨的河马犬齿在乌干达被缴获，也就是说有2000只河马被杀害了。不幸的是，这仅为非法交易的极小部分。河马被列为易危物种。

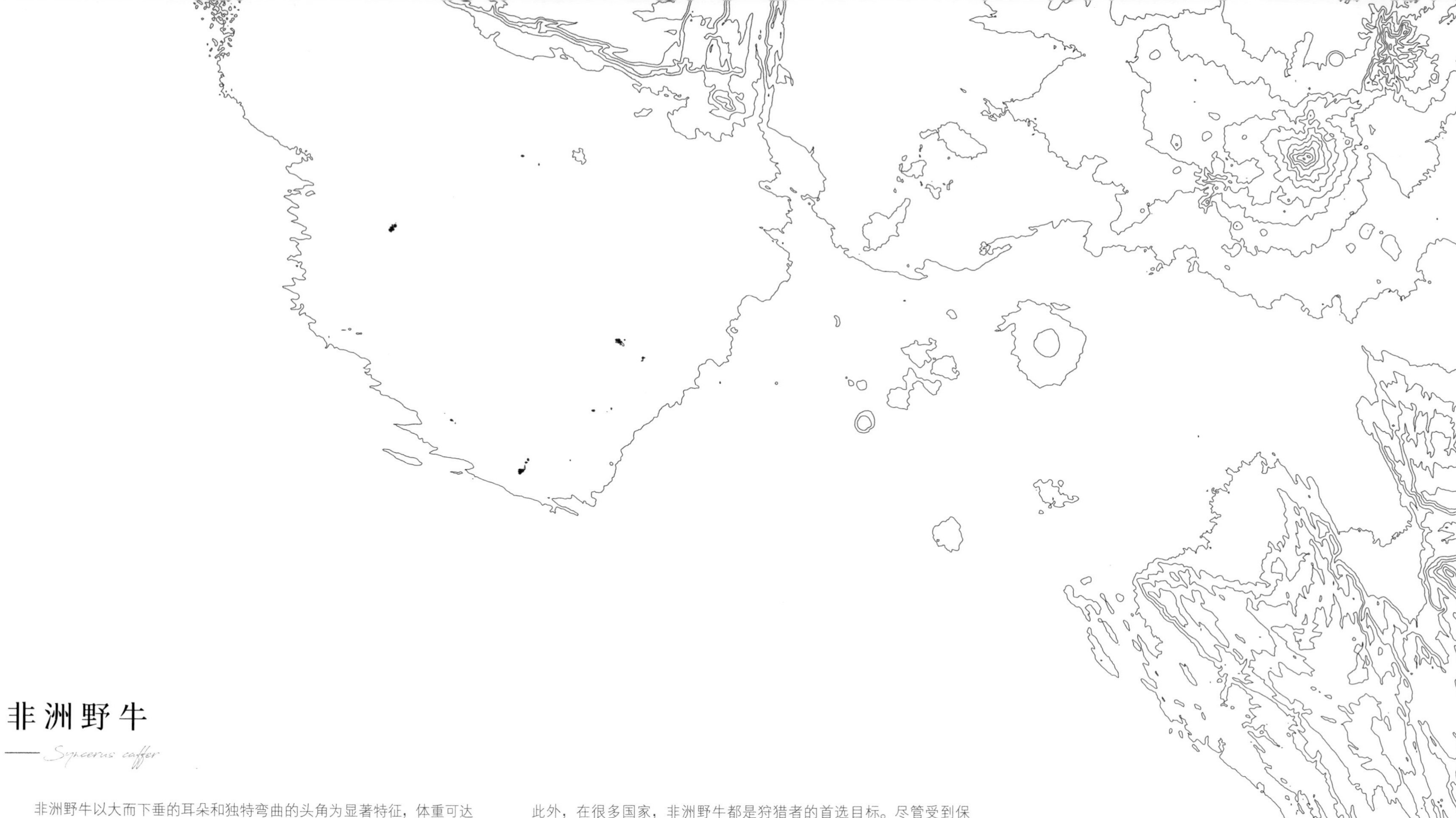

非洲野牛

—— *Syncerus caffer*

非洲野牛以大而下垂的耳朵和独特弯曲的头角为显著特征，体重可达900千克，通常还被称为“稀树草原黑水牛”或“稀树草原大黑牛”。它身高可达1.7米，体长3.4米，两角宽距超过1.5米。尽管体形庞大，但非洲稀树草原的这种哺乳动物只以栖息地的草类、禾木植物和叶子为食。它们的栖息地类型多样，如牧场、沿海稀树草原、低洼地带的雨林、山林、半干旱灌木丛和金合欢属树林，但沙漠和亚沙漠地区除外，尤其是纳米布沙漠、干旱的非洲之角、卡拉哈里沙漠以及撒哈拉沙漠和萨赫勒地带的过渡区域。在保护区外，栖息地丧失是非洲野牛的主要威胁，这归因于农业和人造设施增加、畜牧场面积扩大和森林开垦。

此外，在很多国家，非洲野牛都是狩猎者的首选目标。尽管受到保护，但它还是成了偷猎对象，生活在国家公园里的也不例外。这使得非洲野牛的数量剧烈下降。很不幸，它是狩猎者青睐的战利品，尤其是在南部非洲，过去30年的战争内乱使保护非洲野牛陷入困境。由于无法在干旱地区存活，自20世纪60年代末至90年代，萨赫勒地带的干旱气候严重影响了非洲野牛的生存，导致其数量骤减。最后，这一物种还容易感染很多外来或本地疾病。1890年，大量非洲野牛感染牛瘟病毒，加上牛传染性胸膜肺炎的爆发，导致撒哈拉以南的非洲有90%的家牛和数百万有蹄类野生动物死亡。非洲野牛被列为近危物种。

努比亚长颈鹿

—— *Giraffa camelopardalis*

以长脖子为显著特征的努比亚长颈鹿是反刍动物，生活在撒哈拉以南非洲东部的稀树草原地区，从中部的乍得直至南非。不过，这种世界上最高的动物最喜欢栖居于肯尼亚。雄鹿可高达5.5米，雌鹿平均高4.3米，体重范围在700千克至1100千克之间。努比亚长颈鹿的颈部具有显著独特的解剖学特征——头部低下时，颈静脉的瓣膜关闭，防止静脉血回流至脑部，其动脉血压是人类的两倍高。它的头部有两个皮骨角，是外层有皮肤包覆的附着软骨。由于不会发声，努比亚长颈鹿主要依靠姿势和动作进行交流。有时，黑暗中的努比亚长颈鹿会发出人类几乎听不见的喑哑声。努比亚长颈鹿不嗜睡，睡眠时间每天最多2小时。它的行走速度为15千米/小时，但最高可达56千米/小时。

因每天需要补充20克的钙质，努比亚长颈鹿以富含矿物盐的（豆科）树叶为食。它的舌头长55厘米，呈蓝黑色，可用力卷物，偏好啃食稀树草原上的金合欢属植物树叶。努比亚长颈鹿是站立生产的，幼犊一出生就从2米高的地方摔落，很有可能导致颈背骨折，所幸发生这种情况的概率极其微小。

除了人类，努比亚长颈鹿的传统猎食者包括狮子、鬣狗和豹，最脆弱和最年幼的个体都会成为攻击目标。此外，低头喝水的努比亚长颈鹿还会被周边的鳄鱼盯上。努比亚长颈鹿在野外可存活长达26年，圈养则为36年。被当地人猎杀后，它的肉主要用于食用，而它们特有的深色花斑网纹皮毛受到走私者追捧，作为饰品进行贩卖。

和人类一样，努比亚长颈鹿的脖子也有7节颈椎，但每节长达25厘米。可这么长的脖子却不便于它低头饮水。它必须弯曲或大幅叉开前腿，这种别扭的喝水姿势有时会让它陷入险境。不过，长脖子虽有此不便，但也是努比亚长颈鹿的优势。它能借此吃到非洲其他食嫩叶动物无法企及的食物，以此保障进食。努比亚长颈鹿可以不间断地进食，因大量摄取富含水分的枝叶，它能好几天不饮水，简直就是填不满的大胃王！

这种奇特的哺乳动物还能甩动有力的长脖子作为武器。雄鹿之间激烈的决斗场面并不罕见，交战双方会发起猛烈脖击，尽力让对方失衡，从而败下阵来。

努比亚长颈鹿皮毛的纹理好比指纹，因个体而有所不同，并非纯属巧合。当然，这些花纹也便于它们伪装潜藏在稀树草原林地树下的斑驳光影之中。不过，它们还有一个特殊功能——遍布全身黄色皮毛的大片红棕色斑块实际上是毛细血管作用活跃的区域，这些复杂的小静脉网络起到调节体温的作用，使努比亚长颈鹿能够耐得住高温天气，维持从脖子顶部至腿部的体温平衡。努比亚长颈鹿被列为易危物种。

“随着我的摄影作品传播到世界各地，

我希望能对大家探索地球奥妙有所启发，

深切思考这些瞬息即逝的美好……”

非洲草原象

——*Loxodonta africana*

目前，非洲大陆上的非洲草原象约有35.2万头（相比之下，这一数值在20世纪初为300万到500万）。价格昂贵的象牙激起偷猎者的歹心，每年都有2万到3万头非洲草原象惨遭毒手。这导致非洲草原象的死亡率高于出生率，被迫面临灭绝的厄运。

象牙是非洲草原象唯一的弱点。我之所以能拍到这组照片，多亏非洲草原象的好奇心使它极其温和地走上前来，这种性格与其庞大的身躯形成巨大反差。大象时常面露些许忧郁神色，从它的眼神就能看得出来。照片中的这头母象对自己眼前的矮小人类玩伴，竟然表现出让人难以置信的友好姿态。大象的妊娠期是陆生哺乳动物中最长的，为20个月至22个月。刚出生的小象重达100千克，哺乳期长达2年。它们身上可同时充当鼻子和手的象鼻提醒着身边的观察者人类是多么渺小……

大象虽然力大无比，但罕有地生性敏感。这个最大的陆生哺乳动物和人类一样具备自我意识，使它遭受的虐待显得尤其残酷且令人难以忍受。和人类一样，大象也会举行葬礼，纪念已逝故亲。

集中偷猎行为导致不同物种出现遗传失衡现象。大量刚出生的小象都没有象牙。实际上，很多长有象牙的个体都被捕杀，因此无法进行繁殖，而没有象牙的个体便存活了下来。将来这种人为造成的选择会逐渐引起非洲草原象遗传密码的完全调整，使其自出生起就没有象牙。或许这就是它得以生存的代价。非洲草原象被列为濒危物种。

亚洲象

—— *Elephas maximus*

从前，整个亚洲大陆上都可以见到迈着缓慢的步子、摇摆似跳舞般行走的亚洲象。而如今，它们的栖息地面积仅占原来的十分之一。亚洲象的耳朵较小，这是区分其与远亲非洲草原象的外形特征。这两种大象的数量都少得可怜，亚洲象更是濒临灭绝。野生环境中的亚洲象目前为3万到5万头，不足20世纪中期的一半。尽管在崇拜象头神的印度教文化影响下，亚洲象受人喜爱，但它象征力量与和平的神圣地位，还是无法保佑其免遭偷猎者捕杀，也无法抵抗栖息地自然环境的恶化。由于经常遭囚禁虐待，被铁链拴住或鞭打，亚洲象已经演化成比非洲草原象更易受惊的性格。本次拍摄过程中遇到的种种困难便足以证明这点。

作为食草类哺乳动物，野外的亚洲象主要是在雌象的带领下过群居生活。比起稀树草原，它们更喜欢绿树成荫的森林地区。亚洲象的驯化史已有5000年之久，通常用它来骑乘或服劳役。虽然体形庞大，但必要的时候，它的移动速度可达20千米/小时。与非洲草原象相反，亚洲象鼻端只有一个梨形突出物。这种大象的寿命为60岁，然而圈养条件下寿命常为40岁。但是栖息地环境恶化、森林砍伐、为获取象牙或以大象为食的捕猎，都导致野生亚洲象数量锐减，不过在印度或东南亚地区还能找得到。亚洲象被列为极危物种。

“一张拍得好的动物摄影作品

能激发心、眼、神的共鸣。”

印度犀

—— *Rhinoceros unicornis*

鼻上只有一个角的印度犀见于亚洲，通常栖息在印度或尼泊尔保护区域。印度犀是食草动物，拥有超强的听觉和嗅觉。它们喜欢平原和沼泽地带，会定时到泥潭给自己抹上泥巴，以驱除身上的寄生虫。印度犀灰黑色的皮肤上有数层深褶皱，尤其是肩部和臀部，一眼看去似盔甲，仿佛刚从侏罗纪过来。

它的短腿呈圆柱体，畸形弯曲，像巴吉度猎犬的一样。印度犀和大象的皮肤尽管看上去相似，但前者的更加干硬，且不规则地覆盖着光滑、呈弧形的角质凸起。它头部的几处额骨隆凸位于耳朵前与两眼上方，还有一个凸出的角。由纯角蛋白构成的圆锥形独角可长达30厘米，顶端稍往后钩。这种哺乳动物的奔跑速度可达55千米/小时。印度犀曾经广泛分布，但狩猎捕杀和农业增长导致其数量骤减，到了20世纪初仅剩不到200头。1910年起，印度犀被列为保护动物。尽管还有偷猎者为获取独角而捕杀，印度犀的数量还是在2010年增加至大约2700头。这一数字虽远不及当初，但印度犀仍是亚洲数量最多的犀牛。印度犀被列为易危物种。

白犀

—— *Ceratotherium simum*

栖息于撒哈拉以南非洲的白犀，是仅次于大象的最大陆生哺乳动物。作为仅存的白犀属动物，白犀还可分为北白犀和南白犀两个亚种。白犀不“白”，肤色实为亮灰色。之所以取名“白”犀，不过是语言误用而已。直至19世纪中期，白犀仍广泛分布于非洲稀树草原和亚洲热带森林之中。而如今，遭到捕杀的白犀濒临灭绝，只因其拥有比黄金和可卡因还要昂贵的角。白犀角在黑市的售价高达每千克4万至5万欧元。10年间，这一走私交易已导致7000头白犀死亡。白犀角或整个售卖，或研磨成粉销至亚洲。下图便是白犀处于险境的真实写照。这头白犀之所以面露惊色，肯定是因为经常遭到攻击。它猛地冲向相机，碰到遮光罩发出“哐当”一声，立即止步。没想到，摄影器材竟然救了我一命！

2018年，世界痛失最后一头雄性北白犀，仅存两头雌性北白犀，而另一亚种南白犀仍有数千头。从今往后，白犀流下的泪水应视为对人类的警示信号。白犀被列为近危物种。

捕食性动物

狮

—— *Panthera leo*

狮是非洲最大的食肉动物。虽为热带稀树草原的标志性物种，但它目前的分布范围仅限于撒哈拉以南的非洲，而且是在国家公园里。成年雄狮的体重在145千克至225千克之间。与其他野生动物不同，喜群居的狮子甚至是唯一有社会行为的猫科动物。它的交流方式非常多样，除了能传至5千米以外的咆哮狮吼声，还有低沉的嗥叫声和清晰响亮的嘶叫声。肢体语言也必不可少，用来恐吓斑鬣狗的威武鬃毛更加凸显雄狮雄伟的身姿。这种深褐色的毛冠，因遗传条件、性成熟度、气候和睾丸激素分泌的不同而大小不一、颜色各异。这或许是种保护方式，不仅能防止雄性在相互打斗时被抓伤，还能起到防寒作用。浓密的深色毛冠是健康的标志。和老虎一样，个别属于白色亚种的狮子毛色呈白色。在这种基因突变的情况下，控制性状的等位基因为隐性基因，因此白狮子罕见于野生狮群中。最大的狮群出现在动物园或自然保护区。除了非洲狮，被识别出的亚种还有亚洲狮。如今，亚洲狮已宣告野外灭绝，只存活于印度吉尔森林的野生动物保护区。

和所有的猫科动物一样，非洲狮也有俗称“胡须”的触须。这些触须不仅有助于狮子夜行，还能感知温度，便于它们选择在较凉爽的清晨或黄昏，而不是一天中最炎热的正午捕食。狮子会午休，每天要睡10至15个小时——它平均每天吃7千克肉，需要很长时间来消化。

为了获取如此大量的肉，狮群展现了非常精密的猎捕组织和高超的战术。雄狮负责保护领地不受其他狮子入侵，并防止幼狮遭到斑鬣狗捕食，而雌狮则负责肉食供应。雌狮有几项狩猎优势。首先，它们的速度比雄性更快、更敏捷——最高速度可以达到60千米/小时，并且可以进行非常惊人的跳跃。其次，雌狮强有力的下颚有约7厘米长的犬齿，肌肉非常发达的腿部一击就足以使猎物内脏破裂。但是雌狮最大的优势并非身体，而是群体。雌狮的群体捕杀很有技巧。每只狮子都有特定角色，分别负责潜伏、包围目标兽群和杀死猎物。最后一项通常由咬合力最强的雌狮完成。

最后，狮子的额叶比一般野兽的要大得多，使其能在狩猎时迅速做出决定并解决复杂问题。综上原因，狮子所攻击的猎物，明显比单打独斗的猛兽（如老虎）的猎物要大得多。除了羚羊、牛羚或水羚，狮子还能攻击更大的动物，如以凶猛著称、体重高达900千克的“黑魔王”非洲野牛。

栖息地减少、疾病肆虐（如肺结核和猫免疫缺陷病毒）以及基因多样性丧失，都是造成狮子数量急剧下降的原因。目前存活的狮子有1.6万到3万头，近20年来减少了近40%，而仅在100年前，这一数值约为30万头。

南非为保护狮子采取了多种保护措施，事实证明，这些措施卓有成效。但是，由于在其他地区数量下降，这一物种仍被列为全球易危物种。世界自然保护联盟指出，“由于栖息地退化、过度捕杀所导致的猎物减少，以及与人类之间的冲突，西非狮亚种群被列为‘极危物种’。同样地，与人类冲突和猎物数量下降，也导致曾广泛分布于东非地区的东非狮急剧减少。作为传统药材，狮子的骨骼及其身体部位在当地和亚洲地区的贸易行为正成为对该物种的新威胁”。

照片中的这只狮子与它周身飞舞的蝇虫之间形成鲜明对比。这只幼狮的吼叫声，是猫免疫缺陷病毒患病动物的求救声。这张照片不仅捕捉到了一种心照不宣的眼神，还捕捉到了它们似乎意识到自身脆弱而时常流露出的悲伤神情。狮子被列为全球易危物种，而西非狮被列为极危物种。

“带着极度的敏感和柔情，
满怀谦卑地凝望大自然的
鬼斧神工和生命造物。
自然的奥义永远让我的拍摄充满了惊喜。”

“有时必须不畏危险，保持极大耐心，

并接受只有动物才能决定拍摄……

我必须融入它们，

而非让自己强行介入并带入节奏。”

孟加拉虎

—— *Panthera tigris tigris*

作为最大的野生猫科动物，孟加拉虎也是大型肉食性动物之一，在亚洲各地的森林、树林和红树群落都能发现它的踪迹。可存活于多种类型栖息地的孟加拉虎喜独居，能在黄昏时分狩猎，因其眼睛拥有一层特殊的光线反射膜，夜视力是人类的6倍。凭借发达的视觉和听觉发现猎物后，它以自身特有的步态，蹑手蹑脚地匍匐接近猎物，然后猛地跃扑上去，通过折断颈椎或咬破喉咙将其杀死。孟加拉虎有30颗牙齿，包括12颗门齿、4颗犬齿、10颗前臼齿和4颗臼齿，这些都是威力无穷的狩猎利器。它会用7.5厘米长的犬齿（或称獠牙）撕咬猎物，将其杀死。它以刚开始腐烂的肉为食，每隔7至10天就需要捕杀足够大的猎物，一次能吃下14千克至40千克的肉。它的虎啸声可传至方圆1千米。孟加拉虎擅长游泳，短距离的冲击力和速度惊人，在陆地上奔跑时的最高速度为50千米/小时。不同个体之间的毛色斑纹不尽相同，是个体的身份识别特征。此外，其皮毛也是理想的伪装道具。孟加拉白虎并非亚种，而是一种常染色体隐性（基因）突变。雄虎和雌虎外形相似，远看难以分辨，仅是雄性的胡须比雌性的长。虎眼虹膜显出稀奇独特的黄色，有一种石英质宝石，因结合了宝石的冷峻与金褐色的璀璨，被冠以“虎眼石”之名。这种猫科动物的栖息地分布在印度北部、印度西孟加拉邦、孟加拉国、缅甸、尼泊尔。

由于偷猎猖狂和栖息地丧失，孟加拉虎正陷入灭绝的危险中。除了被视为袭击家畜的罪魁祸首，孟加拉虎还因虎骨是亚洲地区的传统药材而遭到偷猎者捕杀。孟加拉虎已经失去了97%的原有栖息地面积，被列为濒危物种。

孟加拉白虎

—— *Panthera tigris tigris (white)*

孟加拉白虎是天生毛色发白的孟加拉虎，由于基因突变造成毛色完全变白。孟加拉白虎经常被误解是因患上白化病毛色才变白的（真正患白化病的白虎身上不会有斑纹）。目前圈养的孟加拉白虎大多是20世纪50年代捕获的野生雄性孟加拉虎莫罕（Mohan）的后代。和其他老虎亚种一样，孟加拉白虎现已接近灭绝，过于显眼的白色皮毛减少了它在野外生存的机会。因皮毛走俏而被猎杀，非野生动物保护区的孟加拉白虎注定会灭绝。孟加拉白虎被列为濒危物种。

北极熊

——*Ursus maritimus*

源自北极地区的北极熊是大型的陆生肉食性动物之一。这种体形庞大的动物分别在15万年前和20万年前从棕熊和灰熊演化而来。北极熊有一层可以防寒的厚脂肪和毛发，黑色的皮肤能保持体温，白色的毛发在浮冰上是良好的伪装外衣。其实，北极熊的毛发并非白色，而是半透明且中空的。正是由于光线反射，才使它们看起来是白色的。厚5厘米到15厘米的皮毛会吸收紫外线，这也是它经常呈淡黄色的原因。北极熊的修长身躯和锥形头部是适应游泳的演化结果。此外，它惊人的体重并不妨碍其在陆地上敏捷移动。宽大的熊掌和粗壮的脚部均匀地承受它的体重，防止其深陷到雪地里。雌熊会在陆地上打造洞穴进行冬眠，并在那里生育幼熊。冬眠的时候，它的机体活动逐渐减缓，但体温却不会下降。在漫长的冬眠期，它仅靠脂肪储备存活。北极熊的交配发生在春季，但胚胎发育待到秋季才开始，以便雌熊有时间储存足够的脂肪。这就是所谓的胚胎延迟着床。若脂肪存量不足，胚胎便不会发育。幼熊出生后会和母熊一起生活30个月，有时甚至长达3年以上。有些到达这一年龄的幼熊，体形已经超过了母熊。

浮冰是北极熊的捕食和繁殖场所。它采用守株待兔式的狩猎方法，即出其不意地伏击猎物。虽然海豹是其主要的蛋白质来源，但若有机会，北极熊也会猎杀海象或白鲸。

北极熊不仅是全球变暖的象征之一，也是因纽特人和许多其他文化的标志。“北极”（arctique）一词源自古希腊语arctos，意为“熊”（ours）。而著名的大熊星座（北斗七星）和小熊星座就像北极熊一样，只有在北半球才能看到。作为地球整个北极地区的代表，北极熊被列为易危物种。照片中的北极熊一脸轻松诙谐，看似能适应栖息地逐渐消失的样子，然而这种消失的速度可能太快，没有留给它足够的适应时间。此外，因纽特人和战利品爱好者的狩猎活动，以及重金属和农药污染，都是导致北极熊陷入灭绝险境的几大因素。猎物体内积累的有毒物质也会伤害北极熊的神经系统，造成严重的基因异常。

如今，北极熊仅剩2万只，且前景不容乐观。有科学家预测，北冰洋几乎所有冰层都有可能在21世纪中叶的夏季消失。虽然北极熊的生存很大程度上取决于浮冰的完整程度和其脆弱的生态系统，但现阶段并无任何长期措施可拯救北极熊，使其免受日益剧增的致命威胁。

在照片中，太阳的位置低于地平线30度至40度，形成了50多米厚的雾气。天空中就此出现一道雾虹（或称白色的彩虹）照映着北极熊。这种天气光照现象主要是太阳光经由极小的水分子反射和折射后形成。雾虹只在特定纬度地区才能观测到，极为罕见。北极熊被列为易危物种。

“认为人类在摧毁如此多的
动植物后仍可毫发无损，
这简直就是自欺欺人。”

“各种强烈的感觉就像催化剂，
使我的艺术表达总能富有诗意，
感情充沛。”

棕熊

—— *Ursus arctos*

棕熊主要分布于俄罗斯、美国和加拿大，与人们印象中憨态可掬、喜欢钓鱼的“小棕熊”形象相去甚远。这种熊科动物全身均匀覆盖着棕色毛发，颜色或深或浅。体形庞大的棕熊可高达3米以上，圆圆的头上有两只小耳朵，颈背部有块明显隆凸。棕熊是跖行动物，也就是说，熊掌分别长有五个脚趾和一个脚跟，所以熊的脚印和人类的很相似。棕熊之所以能直立，主要是因为视力不好，但它拥有比猎犬灵敏10倍的发达嗅觉。棕熊是有素食倾向的杂食动物，其饮食的80%为植物性食物组成，肉类约占10%。它只在一年中的某些期间活动，从深秋到早春一直躲在洞穴里冬眠，如此度过整个寒冬。冬眠中的棕熊睡眠浅，新陈代谢减缓会持续数周。捕猎棕熊的活动可追溯到史前时期，人类在很早前就已开始捕食棕熊肉，并穿戴其皮毛。与熊有过接触的不同民族都在神话传说中赋予棕熊重要角色。由此可见，棕熊与这些民族的生活息息相关。

据估计，世界上现存的棕熊总计约为20万头，其中俄罗斯（超过10万头）、美国（3.3万头）和加拿大（2.5万头）为最大的棕熊栖息地。欧洲地区实行保护政策，但从西班牙到俄罗斯的棕熊数量少且较分散。目前，该区域共有10个熊群，总计14,000只棕熊。例如在法国，“比利牛斯”棕熊的数量于1995年降至5只。如今，生性怯懦的比利牛斯棕熊约有40只。对棕熊的保护得益于重新引进计划，以及1972年起禁止狩猎的保护措施。欧洲棕熊所受的威胁，一方面来自盗猎者，另一方面则因它们长期以来被视作伤害畜群的罪魁祸首。道路或休闲基础设施（如冬季运动场所）的修建，导致棕熊的栖息地面积减少。而对于这种不太愿意与人类交流的动物来说，与世隔绝的宁静极其重要。棕熊对人类无信任感的背后大有原因，例如流行于法国西南部阿列日省的“耍熊人”传统，最能说明人类是如何残酷对待棕熊的。为捕获棕熊向公众展示或参与动物马戏团表演，耍熊人往往追捕，甚至会猎杀好几只棕熊。这么说来，棕熊威胁畜群的污名似乎名不副实。相比之下，棕熊长期遭受这种残忍捕猎的伤害，供人娱乐消遣却毫无防御能力。棕熊被列为无危物种。

“能拍出这些动物摄影并非我的功劳，

而是镜头前的动物在决定

是否要与我短暂交流，

然后允许我透过摄影机凝视它们的双眼。”

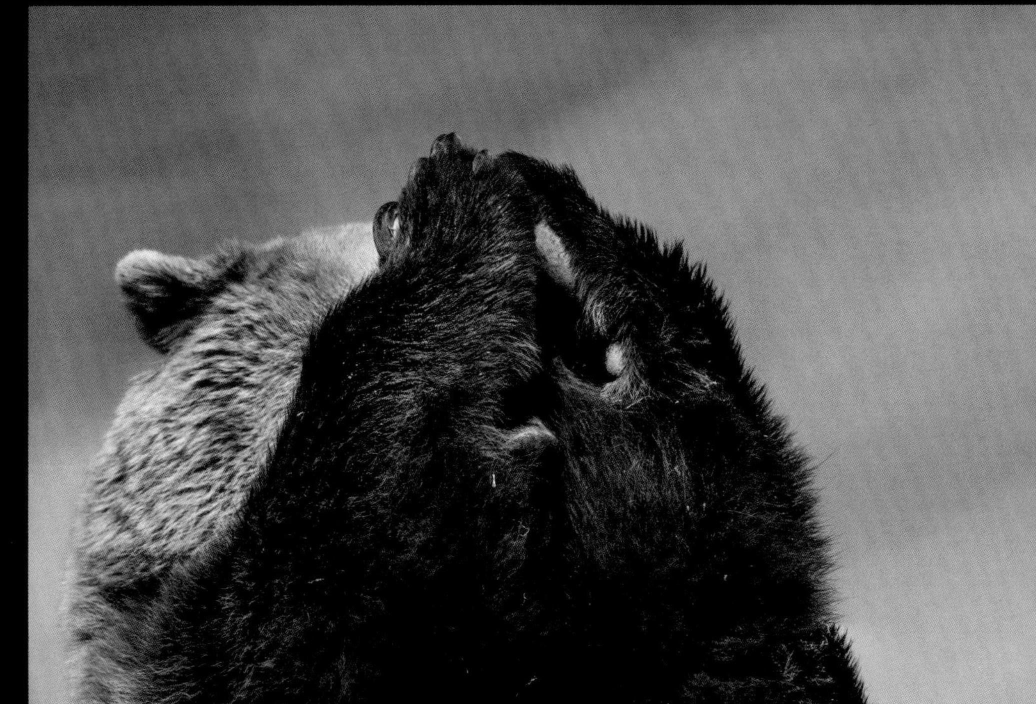

尼罗鳄

—— *Crocodylus niloticus*

在埃及神话中，尼罗鳄是尼罗河的神祇。相传是太阳神拉的一绺头发沉入河中，尼罗鳄便由此诞生。有考古学家发掘出了尼罗鳄的木乃伊，因为这种水中霸王曾是生育能力的象征。

有研究表明，尼罗鳄曾与恐龙生活在同一个时代。这种世界上体形最大的鳄鱼平均身长为4米，有时甚至能达到7米。尼罗鳄的咬合力高达2.2吨，这使得它能先发制人，攻击其他大型动物，如大象。它通常采取持久的捕猎战术，即纹丝不动地静躺在水里，只露出鼻孔和眼睛窥伺。待到咬住猎物后，便强行将其拖入深水溺死。尼罗鳄也会冒险上岸，尽管腿短，但爬行速度可以达到17千米/小时。它那强劲有力的长尾巴，有助于在水中迅速游动。

尼罗鳄的嗅觉非常灵敏，夜视能力极强。它的口腔顶壁上有一块骨质的腭，把口腔和咽部完全隔开，使其能在水中保持吻部张开而不被淹死。这种形似超大蜥蜴的爬行动物可以保持一个多小时不动，双眼与水面齐平，伪装成一块漂浮着的木头。在水中憋气时，它的心跳会下降到每分钟2次或3次。尼罗鳄全身外皮都有穹形感觉器官，或称穹顶压力受体。这些器官都包含了机械、冷热和化学感觉受体通道。因此，即使在黑暗中，它也能探测到水面的压力波。所以说，尼罗鳄的外皮鳞片既是保护装甲，又是高敏探测器。

尼罗鳄能够长期断食，一年进食不超过50次。尼罗鳄的牙齿呈圆锥形，位于牙槽内。每个牙洞都有一颗替换牙，平均每2年换一次牙。上颌有28颗至32颗牙齿（断牙最多可重新长50次），而吻部闭合时，向外伸出的下颌第四齿清晰可见。它强劲的上下颚无法横向移动，所以一口吞下整只猎物。即使咬合力控制得当，它上下颚的发力更集中在后端，而非前端部位。尼罗鳄通常成群出现，寿命可长达50岁到70岁。据估计，尼罗鳄每年至少造成450人死亡，且由于其栖息地面积缩小，这个数字每年都在增加。尼罗鳄栖身于除北非外的非洲大部分地区。尼罗鳄被列为无危物种。

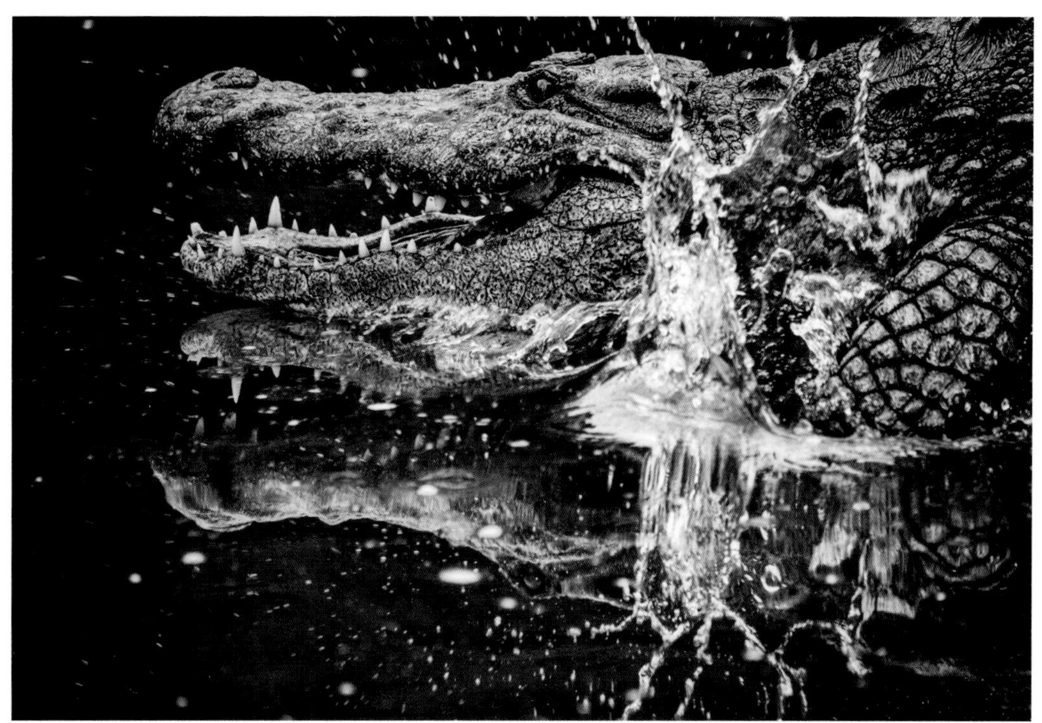

恒河鳄

—— *Gavialis gangeticus*

这种外形似蜥蜴的亚洲爬行动物也被称为“gharial”，取名自雄鳄口鼻部末端的球状瘤体，让人联想到印度陶罐（ghara）。在繁殖季节，它能通过这个部位扩大声音并吹出气泡，以此吸引雌鳄。与毗湿奴神有关的恒河鳄在地球生活了约800万年，而如今却几乎绝迹于印度北部的恒河。以细长吻部为显著特征的恒河鳄栖息于孟加拉国、巴基斯坦、不丹、缅甸等国家的大部分江河流域。它如今只存活在尼泊尔以及昌巴尔河为主的某些印度北部水域。因身上的皮是制造皮件的原料而遭到非法猎杀，加之栖息地被破坏，恒河鳄自2007年起就被列入世界自然保护联盟的红色名录。2006年，恒河鳄的数量约为600只，如今可能增至2000只，但繁殖难度大。恒河鳄被列为极危物种。

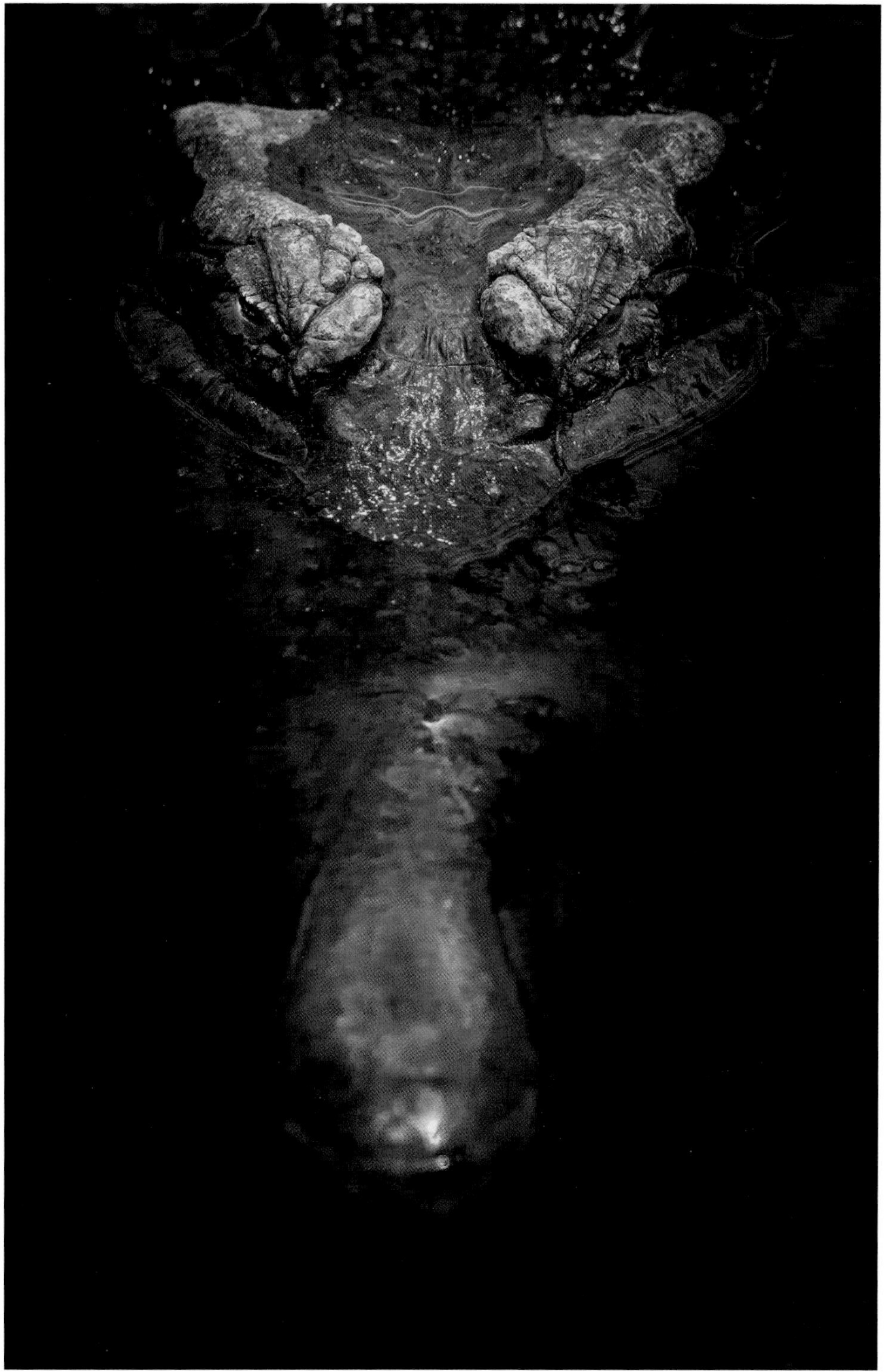

豹

—— *Panthera pardus*

豹（又名金钱豹或花豹），是猫科肉食性哺乳动物，以感官发达和隐蔽性强而著称。这也让它成为令人闻风丧胆的凶猛捕猎者。豹栖息在非洲、亚洲和中东地区的荒漠草原和山地森林。虽然喜居于浓密树丛，但它的适应能力极强，也可以在半沙漠地区和永久性积雪的环境下生存。黄褐色的豹皮上布满了玫瑰状的黑斑，豹因其皮毛而遭到捕杀，面临灭绝危险。豹被列为易危物种。

“我希望通过照片唤醒人们的意识，

领会眼前有可能消逝的五彩世界。”

非洲野犬

——*Lycaon pictus*

非洲野犬又称“杂色狼”，每只野犬身上的斑纹都是独一无二的。作为撒哈拉以南非洲的特有物种，非洲野犬的栖息范围从乍得跨至南非。这种犬科动物的体重在20千克到40千克之间，站立时肩高为70厘米到80厘米。具备多项能力的非洲野犬会结群捕猎，稀树草原上就数它们的成功率最高（85%的攻击都能成功）。这尤其要归功于它的耐力，能够不停地追赶猎物，直至其筋疲力尽。如此一来，炎热的天气就成为非洲野犬的捕猎优势，因为猎物不得不停止奔跑，以免体温过高。目前，非洲野犬的数量仅剩约1500只。由于栖息地减少、与人类接触倍增，非洲野犬被世界自然保护联盟列为濒危物种。这些长相奇特，几乎让人不寒而栗的动物是这个物种的最后幸存者——事实上，20世纪初的非洲大陆约有50万只非洲野犬。非洲野犬被列为濒危物种。

猎豹

—— *Acinonyx jubatus*

猎豹以其风驰电掣般的奔跑速度著称，是世界上奔跑速度最快的四足哺乳动物，时速可达93千米（早期测量结果时速为110千米，后在此基础上修正为时速93千米）。其腿部肌肉十分发达、身体修长且头部细小，这些身体特征赋予它符合空气动力学的优良特性。它的爪子不像其他猫科动物的那样往回缩，这使它拥有强大的抓地能力，能在3秒内从静止加速到约时速90千米。这种四肢细长的猫科动物，包括尾巴在内的身长为1.7米至2.3米。它短短的毛发呈浅黄褐色，全身布满黑斑。作为出色的捕食者，猎豹是喜独居的食肉动物。虽然在中东地区仍能发现残余豹群，但它们主要还是生活在大草原和非洲稀树草原。猎豹以牛羚、瞪羚，甚至斑马为食。它会先耐心观察，然后出其不意地冲刺扑向猎物。但是，这种凶猛的肉食性动物耐力不佳，往往在奔跑200米后便放弃追赶。猎豹无法大吼，但可以像猫那样低声怒叫。猎豹被列为易危物种。

王猎豹

—— *Acinonyx jubatus f. rex*

王猎豹（又称帝王猎豹）身上的斑纹是隐性基因突变的结果，这种突变很可能由假性黑化引起。因此，它毛发上的黑斑会沿着脊椎串联成黑色带状条纹。这种美丽的皮毛使它与非洲的普通猎豹有所不同，且在猎人眼中也变得更加珍贵。

王猎豹的脊柱非常柔软，因此它的步幅可宽达12米。它扁平的尾巴起到掌控方向和保持平衡的作用，而且脚底的细毛也有助于评估猎物的位置和距离。尽管耐力不佳，王猎豹仍然具备与众不同的杀伤力。作为非完全群居动物，其猎捕并不完全依赖于团队协作（雄性猎豹可能会进行团体猎捕行动，而雌性猎豹通常单独行动）。在野外生存的所有猎豹亚种都是濒危物种。王猎豹只得努力寻找没有被更强掠食者占领的新领地，并逃离因伤害畜群而捕猎自己的牧民。王猎豹面临在2030年彻底灭绝的危险。照片中的这只王猎豹似乎透露出对自己物种黯淡未来的哀戚。

事实上，目前存活的猎豹（包括王猎豹在内）仅约6600只，分布在仅占其祖先领地9%的区域。我揣测，也许照片中的这只王猎豹之所以让我靠近它，是为了向其最危险的掠夺者，即人类传达信息。

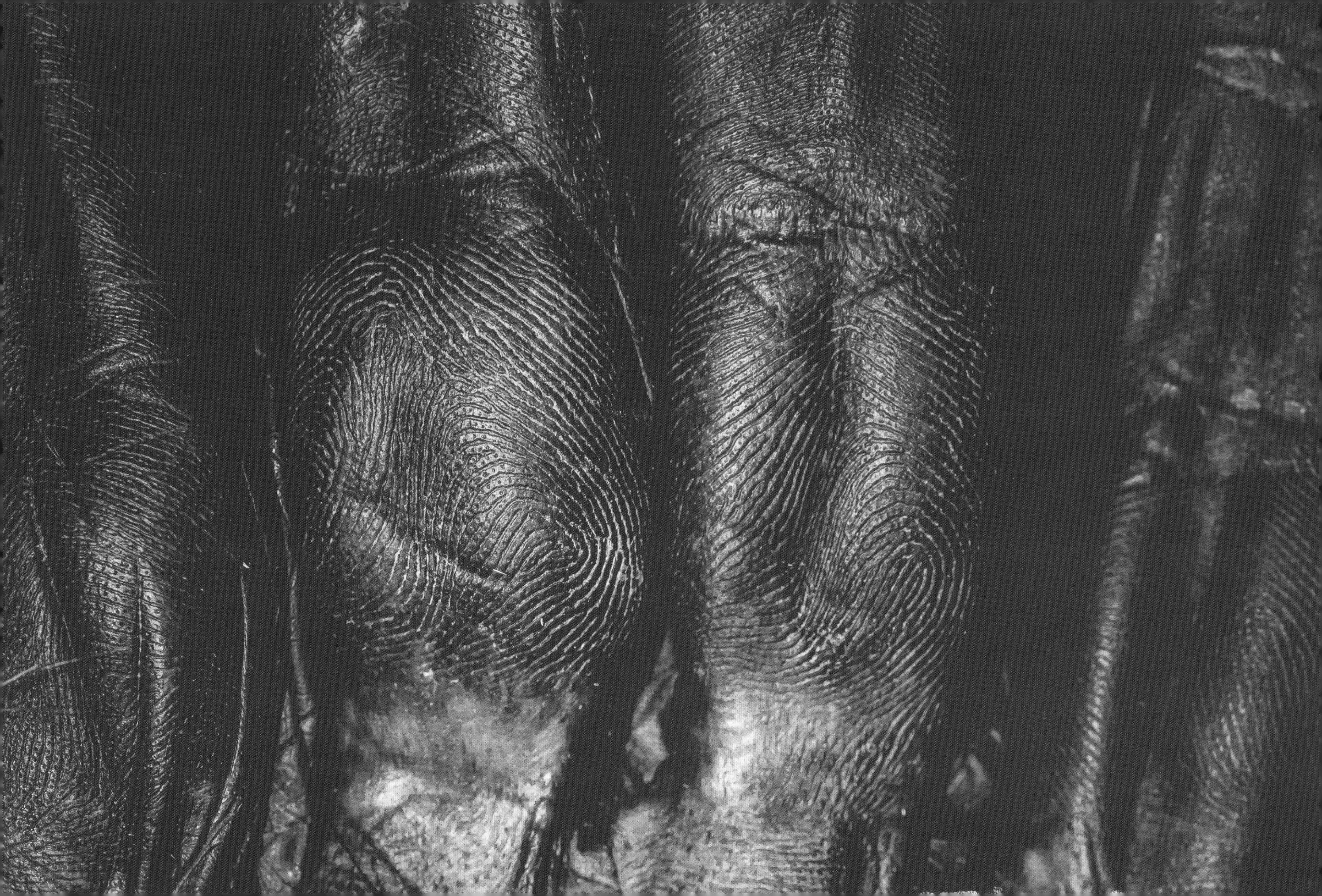

灵长类动物

山地大猩猩

—— *Gorilla beringei beringei*

山地大猩猩与人类的DNA相似度高达98%，是体形最大的类人灵长类动物，群居于热带或亚热带森林地区，主要分布于东非。山地大猩猩直立时身高达1.5米至1.8米，臂展长达2.25米，力大无比的雄性大猩猩重至200千克。它有如丝一般柔软细滑的黑色长毛，而成年大猩猩的背部毛发会长成银灰色。以手指背支撑、能直接行走的山地大猩猩会随季节不同而迁移。它每天需摄入14千克食物，主要以昆虫和植物为食，不喜水，也不饮水。它通过肢体语言、喊叫和咆哮的方式进行交流，视力发达且嗅觉良好。每只大猩猩都可以通过鼻子来识别，因此没有两只完全相似的大猩猩。虽然体形庞大，但山地大猩猩善于交际，性格平和。在广袤土地上迁移的大猩猩，能通过排泄来撒播所摄取果实的种子，使森林恢复生机，从而有助于维持当地的生物多样性。栖息地被破坏、非法捕食、走私幼猩猩以及流行病肆虐（如埃博拉病毒）等，都导致山地大猩猩面临灭绝威胁。其中，已约有5000只山地大猩猩死于埃博拉病毒。山地大猩猩被列为极危物种。

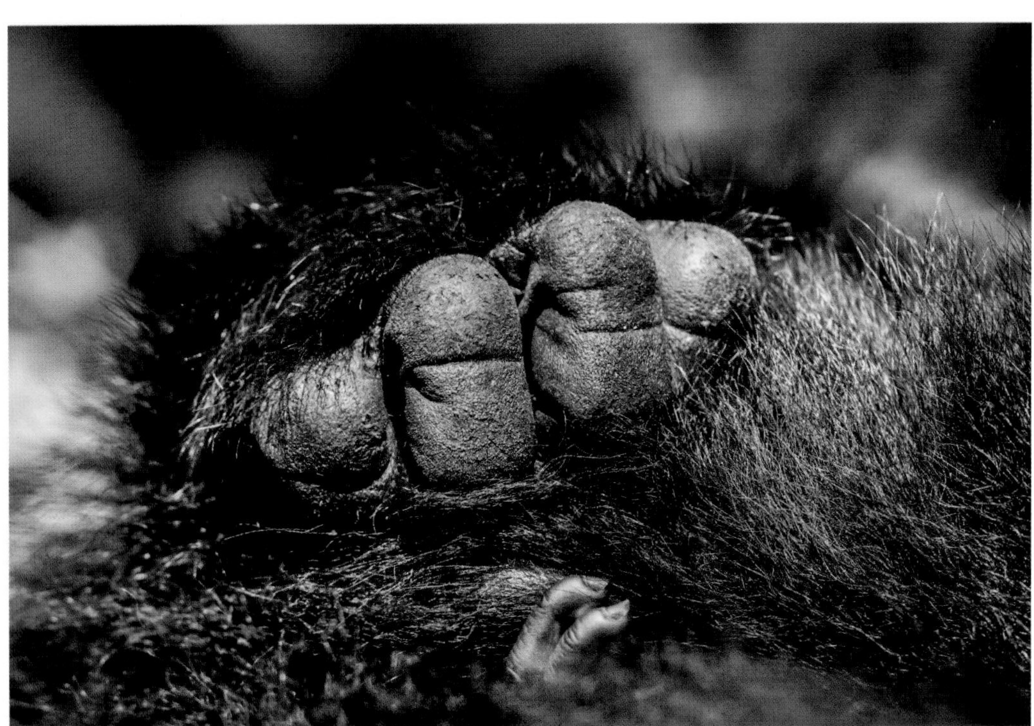

“我希望通过镜头展示的是，

人类与其他物种的相互依存关系

实则脆弱不堪……”

红领狐猴

—— *Varecia rubra*

红领狐猴披着较长的红毛发，厚实柔软，头部有白斑，尾巴呈黑色，平均身长（包括尾巴）为1.13米，体重4千克至6千克。作为马达加斯加的特有物种之一，红领狐猴栖息在原始森林和平原地区海拔1200米的次生热带雨林，尤其多见于马索亚拉半岛（Masoala）。它们通常在昼间活动，喜欢攀爬高林，常停留在参天大树营养丰富的冠层，基本上以果实为主食。红领狐猴主要受到栖息地丧失和狩猎的威胁。由于体形较大，且确实需要存活在高耸入云的原始森林树冠顶端，因此它们对人类的入侵特别敏感。红领狐猴被列为极危物种。

东部毛狐猴

—— *Avahi laniger*

与很多狐猴一样，东部毛狐猴也多见于马达加斯加东部的潮湿森林区域。它是属于大狐猴科的灵长类动物，体长在27厘米到30厘米之间，以树叶和嫩芽为食，主要在夜间活动。密度最高的东部毛狐猴群落位于阿纳拉马扎塔（Analamazaotra）特别保护区。最常出现在马基拉（Makira）原始森林的狩猎活动，以及栖息地面积缩小，都是威胁东部毛狐猴生存的主要原因。除了人类，对该物种威胁最大的要数亨氏鹰（*Accipiter henstii*）这种掠食性猛禽。东部毛狐猴被列为易危物种。

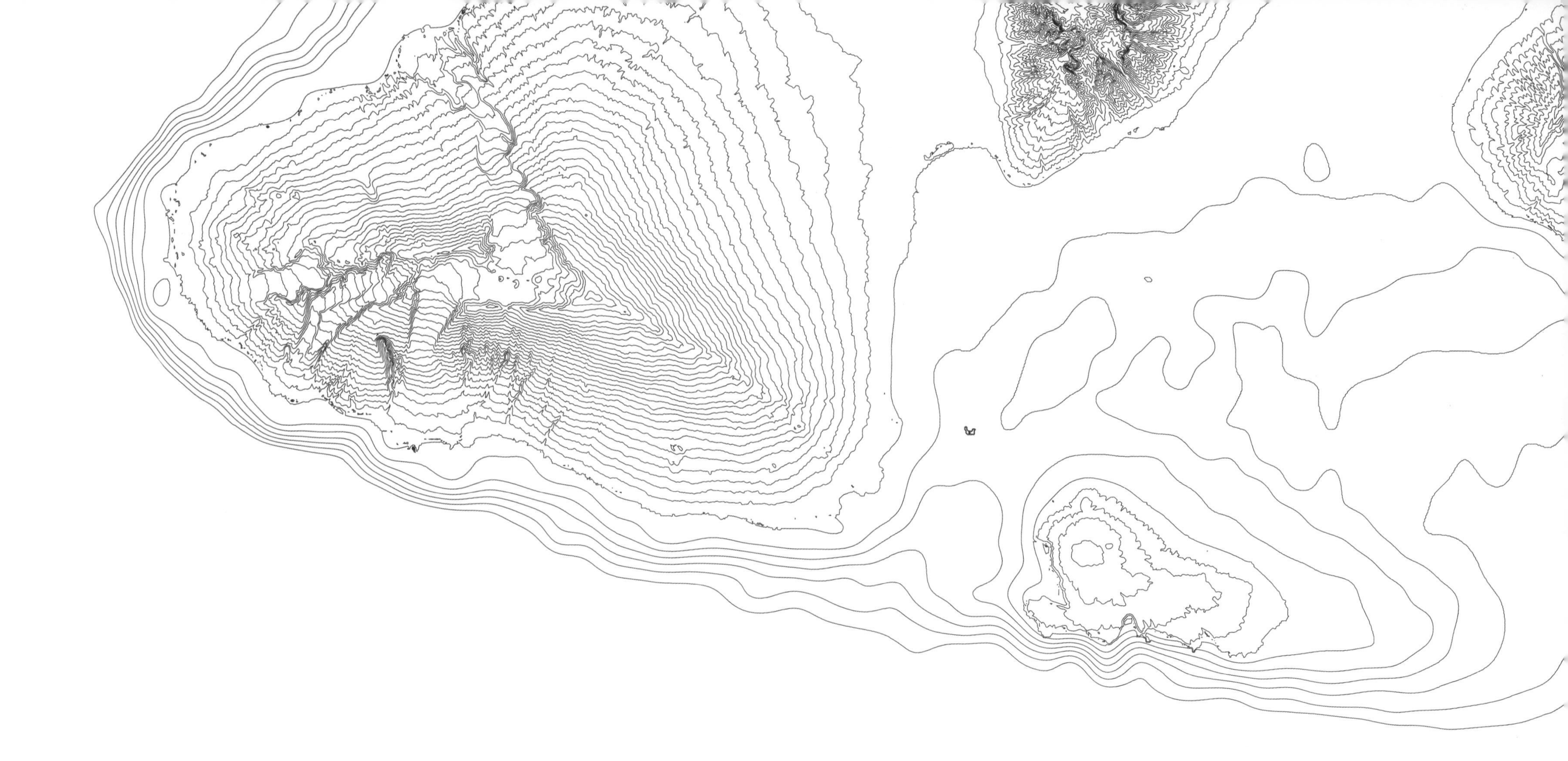

爪哇乌叶猴

——*Trachypithecus auratus*

爪哇乌叶猴源自印尼爪哇岛周围的岛屿，毛发通常呈乌黑色，两颊至耳基部有白毛。相对于平均身高约55厘米的短小躯体来说，它那60厘米至90厘米的尾巴显得特别长。这种昼行性树栖食草动物以小群体生活，每群约7只。据测算，过去三代的乌叶猴数量减少了30%以上，因此该物种面临较高的灭绝威胁。导致这一现状的主要原因不仅有常见的猎杀和栖息地丧失，还有以非法宠物交易为目的的捕猎。爪哇乌叶猴被列为易危物种。

黑白领狐猴

—— *Varecia variegata*

和所有狐猴一样，黑白领狐猴也是马达加斯加的特有物种。确切来说，它栖息在马达加斯加岛东部以及安泰南巴拉纳（Antainambalana）河以南的热带雨林中，而诺西岛上也有零星几只出现。这种领狐猴的体重3千克至5千克，皮毛黑白相间，密可防雨。它们是最喜欢树栖的狐猴，生活在海拔可达1350米的森林林冠处。与马达加斯加其他灵长类动物物种一样，黑白领狐猴的栖息地也遭到刀耕火种、森林砍伐和采矿活动的威胁。当自身所处的自然环境受到人类的过度侵占，这些领狐猴往往会逃离破坏其生存环境稳定的人类。最后，黑白领狐猴也因其异常珍贵的肉质而屡遭捕猎。综上原因，这种领狐猴被列入《濒危野生动植物种国际贸易公约附录I》，从而严格禁止该物种的一切国际交易行为。黑白领狐猴被列为极危物种。

黑美狐猴

—— *Eulemur macaco*

黑美狐猴是狐猴型下目的灵长类动物，属于狐猴总科，栖息于马达加斯加西北部桑比拉努（Sambirano）河流域的热带森林。长期以来，蓝眼黑美狐猴（*Eulemur flavifrons*）曾被认为是黑美狐猴的亚种，2010年被确定为独立物种。这两个物种的区分特征主要为眼睛的颜色，黑美狐猴的眼睛呈橙褐色，而其近亲蓝眼黑美狐猴的眼睛则呈蓝色。黑美狐猴的毛色特征有着两性异形的明显差别，即雄性为黑色，雌性为红色。

黑美狐猴遭受的威胁主要来自非法或合法的木材开采以及木炭生产相关的活动。刀耕火种的农业仍然严重威胁着黑美狐猴所栖息的森林家园。此外，以食用、保护农作物和驯养为目的的捕猎也是对该物种的一大威胁。黑美狐猴被列为濒危物种。

金狮面狨

——*Leontopithecus rosalia*

这种来自巴西东部的灵长类动物又称金狨，属于狨亚科（Callitrichinae）。它身长25厘米至33厘米、尾长32厘米至40厘米，是狨亚科（包括狨属）中体形最大的物种。金狮面狨全身都披散着丝绒状长毛，留有红棕色胡须的面部毛发浓密。它栖息于平原森林地区，但通常不在地面停留，而是活跃于离地3米至20米高的地方，这使人无法一眼看清它威武非凡而奇特的外貌。金狮面狨面临的主要威胁为森林砍伐（其栖息地面积每年缩小0.5%）、火灾和捕猎。金狮面狨被列为濒危物种。

环尾狐猴

——*Lemur catta*

环尾狐猴是马达加斯加岛上最古老的狐猴。它的显著特征是黑白圆纹（各有14圈）相间的环状尾巴，有助于在树木间跳跃时保持平衡。环尾狐猴有时在炎热时分晒太阳，有时双臂交叉，尾巴竖立形似问号。马达加斯加的干旱疏林中出现了以雌性为首领的环尾狐猴群落。这种体形小巧的半树栖动物会发出像猫一样的叫声和呼噜声。它以树叶、果实、昆虫和小型脊椎动物为食，特别喜欢树木的汁液。为了舔到树汁，它会用手指撕开树皮，使液体流出。这种昼行性动物的脸上仿佛戴着一副奇怪的眼镜，它的双臂、前臂和阴囊上都有可用于标记行为的腺体。

由于只存活于马达加斯加的野外环境，环尾狐猴在2016年被列入全球25种最濒危的灵长类动物名单。据估计，野生环尾狐猴的数量可能已不足1000只。（导致其基因隔离的）栖息地破坏、偷猎和狩猎是导致该物种濒临灭绝的主要原因。但除此之外，活捉野生环尾狐猴当作家养宠物的非法交易，也使其数量锐减。环尾狐猴被列为濒危物种。

婆罗洲猩猩

—— *Pongo pygmaeus*

在马来语中，这种人科灵长类动物的名字意为“森林之人”。它栖息于婆罗洲，身高在1.1米至1.4米之间，体重为40千克至80千克。这种大型树栖猩猩会一路攀爬到树冠，获取树皮、小型脊椎动物、昆虫、鸟类和水果等食物。每天晚上，它都会在离地面12米至18米的地方筑起新巢。它非常聪明，能使用工具来进食；强壮有力的手臂比腿还长；手指可以弯曲折成钩状，以便抓握；下垂的喉囊就像大大的双下巴，在咽喉鼓起和收缩时起到共鸣腔的作用；有力的颌骨可以让它咬破果实的坚硬外壳；臀部没有胼胝。庞大的雄猩猩体重为雌猩猩的两倍，毛发较厚且胡须浓密；随着时间的推移，雄猩猩的脸颊两侧都会长出半月形凸缘。这个“脸盘”可用作抛物面反射器来传导声音，正因如此，雄性大猩猩的长鸣声才能传播到几千米之外。成年雄性猩猩喜独居，而在幼猩猩约三岁半前，雌猩猩都会和它们共同生活。雌猩猩的生育次数很少，每隔8年生产一次。母猩猩都爱子心切，极力保护幼猩猩不被捕猎者伤害。

人类和猩猩的基因相似度达97%。然而确切来说，正是人类（砍伐森林和偷猎）导致了猩猩变为极危物种。据预测，世界上大部分野生婆罗洲猩猩将在10年内灭绝。该物种已被列入世界自然保护联盟濒危物种红色名录，目前仅存活于苏门答腊（苏门答腊猩猩和打巴奴里猩猩栖息地）与婆罗洲（婆罗洲猩猩栖息地）这两座岛屿。猩猩的数量之所以骤减，是因为森林砍伐（尤其是为了打造棕榈种植园）导致其生活空间缩小。这些都是常见原因，但我们显然没能从中吸取教训。不过，生活在洪水多发区域的猩猩水性不好，所以猩猩几乎无法逃到别处继续繁殖。照片中的猩猩满脸困惑，面露哀色，这应该引发人类反思自己的行径。再过10年，婆罗洲猩猩将销声匿迹。

自1980年以来，婆罗洲的森林面积已经减少了25%，从而导致猩猩数量下降近25%。就这样，这种威猛的灵长类动物从“濒危”恶化为“极危”状态。仅在婆罗洲，就有2000至3000只猩猩遭捕食而亡。另一个威胁来自盗猎，我们甚至看到私人动物园将猩猩买回当作宠物。最后，棕榈种植园的农药使用导致了猩猩的内分泌系统衰退。

这种人类近亲物种的拯救方法广为人知，亟须紧急动员。首先，需要建立便于个体迁移的森林走廊，从而降低近亲繁殖的风险。此外，还必须鼓励开垦非种植用途的土地。作为当地森林的标志性动物，若被好好保护，猩猩还能促进旅游胜地婆罗洲提高自身吸引力。再者，猩猩有助于保持生物多样性。它在所到之处撒播食用的果实种子，不仅利于其他物种生存，还可维护世界上独一无二的生态系统。婆罗洲猩猩被列为极危物种。

杂食动物及食草、食虫类动物

大熊猫

——*Ailuropoda melanoleuca*

大熊猫的另一汉语名称为“猫熊”，因其憨态可掬的形象享誉国际。这种以竹子为食的动物是中国中部地区的特有物种，栖息在（海拔为1000米至3000米的）高山森林里。竹子的生长习性特殊，每隔10年到100年才开一次花，花开后出现枯萎死亡的现象，整片竹林随即消失，从而导致熊猫及其饮食严重失衡。如此一来，重新播种后，还需要10年到20年的时间，才能再次培育出可供目前仅存的超过1800只大熊猫食用的竹林。这些喜独居的大熊猫群落分散，还得抵御为获取其珍贵皮毛而痛下毒手的捕猎者。随着中国在生态系统保护方面取得了显著进步，大熊猫野外种群数量增加，这种中国的国宝级动物也不再是濒危物种了。如今，大熊猫被列为易危物种。

喜马拉雅小熊猫

——*Ailurus fulgens*

喜马拉雅小熊猫（简称小熊猫，或称为红熊猫、九节狼），源自喜马拉雅山、尼泊尔和中国西南部。它的好奇心重，大白天也容易受到惊吓，样子十分活泼可爱。然而因其以竹子为主的低热量饮食结构，喜马拉雅小熊猫除了吃和睡，通常也不会做其他事情。这种属于小熊猫科的小型哺乳动物身长约60厘米，体重在3千克至6千克之间。由于捕捉（为获取其皮毛的）、猎杀和栖息地缩减，喜马拉雅小熊猫的生存面临威胁，存活数量难以估计。喜马拉雅小熊猫被列为濒危物种。

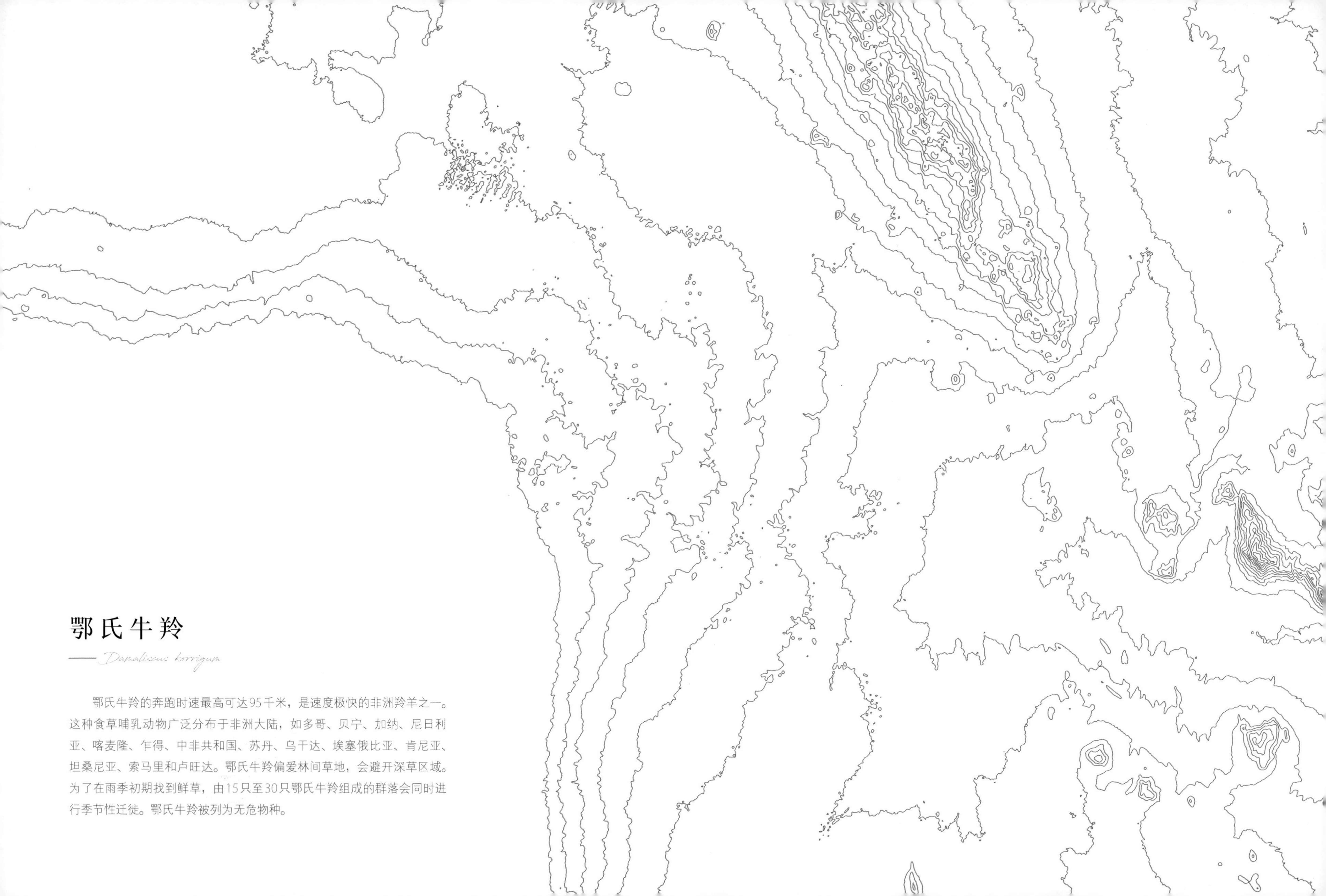

鄂氏牛羚

—— *Damaliscus korrigum*

鄂氏牛羚的奔跑时速最高可达95千米，是速度极快的非洲羚羊之一。这种食草哺乳动物广泛分布于非洲大陆，如多哥、贝宁、加纳、尼日利亚、喀麦隆、乍得、中非共和国、苏丹、乌干达、埃塞俄比亚、肯尼亚、坦桑尼亚、索马里和卢旺达。鄂氏牛羚偏爱林间草地，会避开深草区域。为了在雨季初期找到鲜草，由15只至30只鄂氏牛羚组成的群落会同时进行季节性迁徙。鄂氏牛羚被列为无危物种。

汤氏瞪羚

—— *Eudorcas thomsonii*

身上不同毛色分明的汤氏瞪羚是非洲大草原的标志性物种。由于腿部细长且脊柱柔韧，这种瞪羚的行动特别敏捷快速，纵身一跃可达2米远。它能在奔跑时急停转向，以此逃脱强悍捕食者的追捕。汤氏瞪羚的直线奔跑时速达70千米，接近其捕食者猎豹的速度。汤氏瞪羚如今栖息于著名的马赛马拉国家保护区和塞伦盖蒂国家公园。不过该物种目前仍存活于其来源地——西非的一些未受保护地区。随着栖息地上狩猎的牧民越来越多，汤氏瞪羚的数量骤减。大型农场和养殖场的建立，不仅使瞪羚的迁徙区域变得支离破碎，还拦截了它们通往惯常觅食区的通道。最后，极具观赏性的羚羊标本使其成为抢手的狩猎战利品，非洲人称此为“swalla tomi”。汤氏瞪羚被列为无危物种。

细纹斑马

—— *Equus grevyi*

对于孩子来说，斑马像是奇迹般的存在，而对于成年人，第一眼看到它满身的斑纹，也会令人惊叹不已。斑马为所栖息的自然公园增添了极大吸引力。斑纹的优点在于让斑马保持凉爽。黑条纹比白条纹更易吸热，从而对比产生凉爽的效果。因此，条纹具有防热作用。细纹斑马是野生马科动物中体形最大的一种，从头到尾的长度范围是2.5米到3米。雄性细纹斑马的体重在350千克到400千克之间，而雄性格兰特氏斑马的体重只有300千克。约有2500匹细纹斑马存活于肯尼亚和埃塞俄比亚，它们在此的栖息地也因人类活动而不断缩小。世界自然保护联盟濒危物种红色名录中，细纹斑马赫然在册。

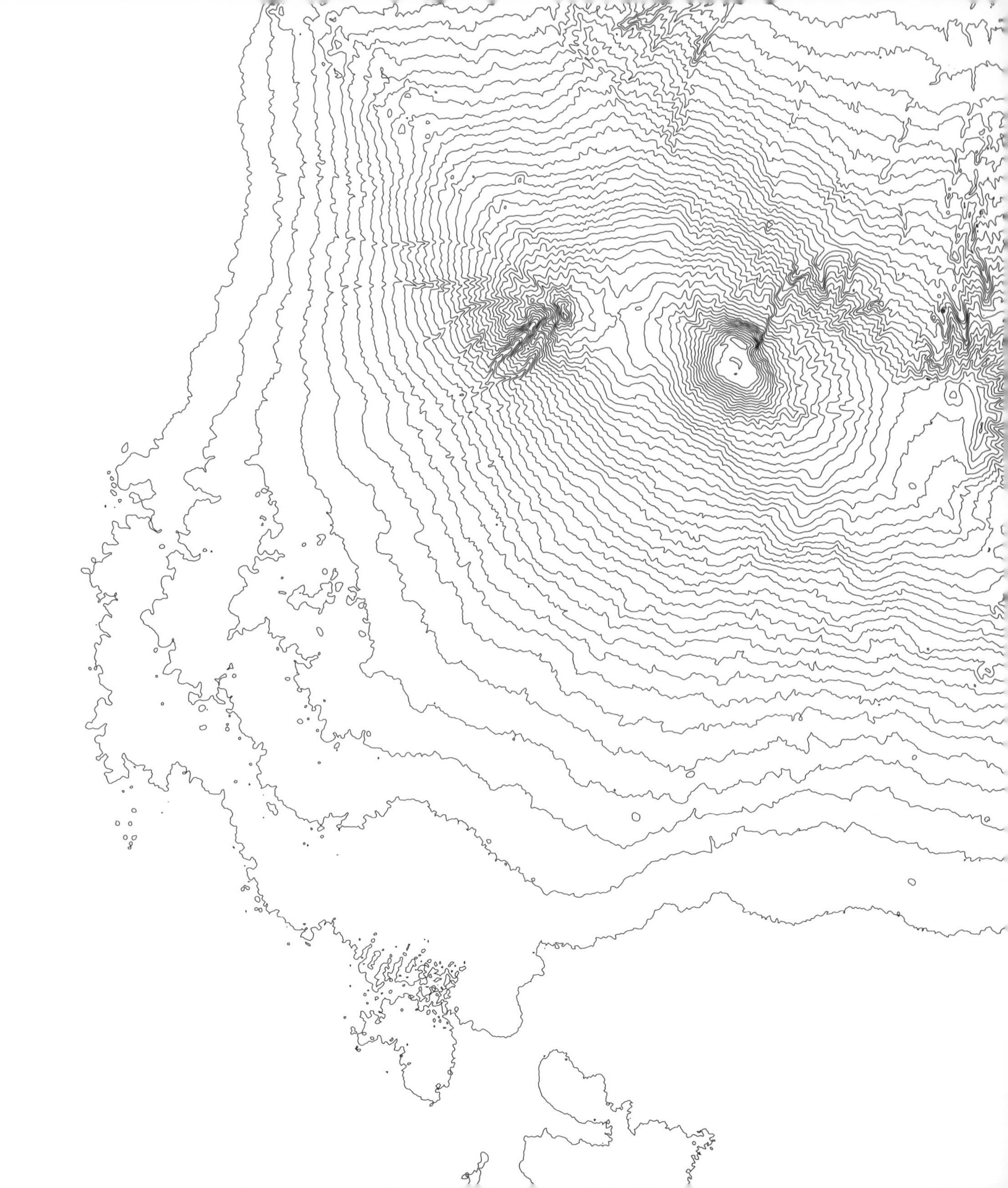

格兰特氏斑马

—— *Equus quagga boehmi*

格兰特氏斑马是属于马科的食草类动物。作为平原斑马的亚种之一，该物种分布在赞比亚、刚果民主共和国和坦桑尼亚等东非地区，最远至埃塞俄比亚的东非大裂谷。格兰特氏斑马的前身布满竖条纹，后腿为横条纹，而臀部和身后两侧则是斜条纹。皮毛颜色因年龄和个体而异，例如幼马身上的条纹呈浅棕色。

近期，格兰特氏斑马的栖息国之间发生战争，导致其所有种群的数量急剧下降。如今，该物种在布隆迪已经绝迹。而在过去25年的大部分时间里，安哥拉内战不仅导致这种平原斑马销声匿迹，还破坏了国家公园的管理和基础设施。因此，当地的格兰特氏斑马很可能已经灭绝或接近灭绝，不过仍需等待调查确认。除了这些威胁，为获取其皮毛的捕猎行为（尤其是在保护区之外）同样令人担忧。格兰特氏斑马被列为近危物种。

“于毫秒间定格生命，

咔嚓一声，留下的影像

记录了一个生物

必然消亡的世界。”

驯鹿

—— *Rangifer tarandus*

这种又名加拿大驯鹿的鹿科动物源自欧洲、亚洲和北美洲的北极和亚北极地区，以树皮、地衣、青草和树叶为食。驯鹿不仅能适应季节更替，还能适应气候变化。它们必须不断迁徙，蹚过溪流并跨越重重自然障碍，最终抵达苔原地带寻找食物。气候变暖或许会对驯鹿的繁殖周期产生不良影响，因为植物的生长季不再与雌鹿的产犊期相吻合。

驯鹿的眼睛可随季节光照不同而变化，夏季呈金黄色，到了冬季则呈深蓝色，是其与生俱来的适应能力的标志。正值寒冬时节，云层逐渐下沉，变得黑白分明。这只死鹿的头被雪覆盖着，让人联想到独自游荡在这荒凉之地的鬼魂。积雪随着寒冷而硬化为真正的冰层，使鹿头成为雕塑，如同哨兵守护着这方领土。驯鹿被列为易危物种。

獾㹢狓

—— *Okapia johnstoni*

在林加拉语中，獾㹢狓又名“mondonga”，不仅被尊为刚果民主共和国的国家象征，还出现在该国发行的纸币上。獾㹢狓属与长颈鹿属同为偶蹄目长颈鹿科下仅有的两个属，但科学家直至很晚才对其有所描述。獾㹢狓只栖息于刚果民主共和国东北部的伊图里热带雨林。尽管腿部让人想起斑马，但獾㹢狓的形态与长颈鹿更为相似，身高约为1.8米，最大体重为230千克。这种生存于自然环境、神态自若的动物，因偷猎行为和栖息地消失而受到威胁。但是，造成威胁的主要原因是地方当局（由于内战）失去对动物物种保护的控制。世界自然保护联盟长颈鹿与獾㹢狓专家组联合主席诺埃尔·金佩尔（Noëlle Kümpel）博士表示：“近20年来，陷入内战的刚果民主共和国饱受贫困摧残，这导致獾㹢狓的栖息地环境普遍恶化，且为获取其皮肉的捕猎活动增加。”獾㹢狓被列为濒危物种。

叉角羚

——*Antilocapra americana*

叉角羚又名美洲羚羊，是存活于北美洲西部开阔地带的哺乳动物。它的毛发主要呈黄褐色，与栖息地大草原的深草颜色融为一体。它的体长约1.4米，重40千克至60千克，雄体比雌体大。要说捕食和战利品捕猎活动是导致叉角羚数量减少的首要因素，那么威胁如今已经成倍增加。农业发展、城市扩建和采矿增量，都造成适宜叉角羚栖息的土地面积急剧缩小。人造围栏对季节性迁徙的阻碍、当地植被遭铲除以及密集型放牧，都致使该物种在自己发源地的生存飘摇不定。叉角羚的保护方式之一是，在横跨美国三大州（怀俄明州、爱达荷州和蒙大拿州）的黄石国家公园建立大型保护区。叉角羚被列为无危物种。

草原犬鼠

草原犬鼠又名土拨鼠，体毛呈黄褐色、金黄色或近似乳白色，且带有斑点。这类啮齿动物体长（包括尾巴）30厘米至45厘米，体重1.5千克，主要分布于美国中西部地区以及墨西哥北部的牧场和大草原。这些食草动物的寿命可达5年，以种子、根部、球茎和果实为食，有时也吃昆虫。和大多数啮齿动物一样，草原犬鼠也有两对会不断磨损的门牙，用于咀嚼食物。其中，犹他草原犬鼠（犹他土拨鼠）和墨西草原犬鼠（墨西哥土拨鼠）被列为濒危物种。

野双峰驼

—— *Camelus ferus*

野双峰驼原生于中亚地区的草原。这一独特的物种在行走时同侧前后肢同时移动，它们以这样的步态踏足更遥远的土地，从黄河以东的广袤沙漠地区，延伸至哈萨克斯坦的戈壁沙漠。双峰驼（*Camelus bactrianus*）和野双峰驼（*Camelus ferus*）的亲缘关系很近，野双峰驼一度被当作驯养双峰驼的野化后代，但研究表明它们源自不同的基因株系，很早就开始分开演化了。因为两个物种时有杂交行为发生，野双峰驼面临杂交导致其特有基因流失的威胁。曾以自己的姓氏为普氏野马（又名蒙古野马，是唯一的野马物种）命名的波兰/俄罗斯双国籍博物学家尼古拉·普热瓦利斯基（Nicolai Przewalski）在18世纪末确立了野双峰驼的独立物种地位。

不幸的是，杂交并非这种独特的野双峰驼的唯一威胁。人类活动造成自然栖息地环境恶化，使该物种的数量锐减至仅剩约950头，陷入灭绝边缘。因此，栖息地已经四分五裂的野双峰驼零散分布于蒙古（戈壁沙漠中荒无人烟之处）和中国（罗布泊湖周围）的四个“袋形阵地”。野双峰驼被列为极危物种。

鬣鹿

—— *Cervus timorensis*

鬣鹿（又称爪哇水鹿或帝汶鹿），原产于爪哇岛（1639年由荷兰总督引进）和巴厘岛。聪明的鬣鹿不仅嗅觉灵敏，而且视力良好。它生活在毛里求斯岛的高原山地，那里低处有原始森林，林中的浅草地和成片树木相间。该岛不仅对鬣鹿的保护发挥了重要作用，还致力于在爪哇岛重新引入这一物种（由于丧失了栖息地，鬣鹿曾绝迹于爪哇岛）。这种食草哺乳动物主要以草和树叶为食，也吃掉落的树果、树皮或树芽。喜隐居的猎物为夜行性动物，但偶尔也会在昼间活动。它的毛发蓬松粗糙，背部为红褐色，腹部为浅褐色。成年鬣鹿的尾巴可达20厘米长，可保护长有气味腺的肛门。雄性和雌性个体都有会分叉且每年更换一次的鹿角。

鬣鹿曾因过度繁殖而对所在国的山区造成威胁，如今仅限栖息于自然保护区内。虽已采取行动限制其发展，如当地政府通过悬赏鼓励猎杀，但由于人口密度低且土地广袤，鬣鹿很容易就能迁移到远离居民区的偏远之处。

鬣鹿的新喀里多尼亚近亲物种，即俗称的爪哇水鹿，因其优质的红肉而被猎杀。这种脂肪含量比牛肉少得多的鹿肉，是新喀里多尼亚传统美食的重要原材料。在其自然栖息地中，鬣鹿的数量已不足1万只。由于没有除人类以外的已知捕食者，因此预计其数量将继续增长。如今，鬣鹿在其自然分布区的生存面临灭绝危险，在世界自然保护联盟濒危物种红色名录上被列为易危物种。

低地貘

—— *Tapirus terrestris*

低地貘又名巴西貘，在法属圭亚那被称为“maïpouri”，是栖息于南美洲洪涝湿地的奇蹄目哺乳动物。这种中大型食草动物身长可达2米，体重300千克，以小枝叶和果实为食。低地貘的妊娠期相当长（将近13个月），因此它更易受到狩猎影响。每次一胎的低地貘难以在狩猎活动频繁的地区得到恢复。

在亚马孙流域的公路网、定居点和农产区域，狩猎是低地貘面临的最大威胁。这最终可能会导致该物种从适宜其生存的栖息地上完全消失。由于森林砍伐所造成的栖息地丧失，以及世界各地的貘皮革制品需求，都让低地貘面临较高的灭绝危险。

水羚

—— *Kobus ellipsiprymnus*

作为非洲的艺术形象，水羚是一种身长1.7米至2.35米，体重160千克至300千克的大型羚羊。除了易于辨认的臀部环形白毛，它还有轮廓呈白色的嘴部和圆圆的双耳。但不幸的是，正是雄性水羚头上的螺旋形细角，使其成为猎人追捧的战利品。水羚被列为近危物种。

大食蚁兽

—— *Myrmecophaga tridactyla*

大食蚁兽是一种原产于中美洲和南美洲的大型陆生哺乳动物。作为树栖或半树栖的食虫动物，大食蚁兽体长可超过2米，体重约40千克。大食蚁兽的外形独特而容易辨识，尾巴长毛浓密，口鼻细长，存活于各种类型的栖息地，如热带森林和草原。它们以蚂蚁和白蚁为食，会先用前爪刨出蚂蚁和白蚁，然后伸出附着黏液的长舌粘住食物送进口中。大食蚁兽被列为易危物种。

有翅动物

黑白兀鹫

这种原产于萨赫勒地区的猛禽以飞行高度第一而闻名，已证实的记录高于海拔11,000米。虽比近亲非洲白背兀鹫更有气势，但黑白兀鹫也同样难逃面临灭绝威胁的厄运。它的数量如自由落体般迅猛下降——56年内减少了97%。农业发展、野生有蹄类哺乳动物减少、迫害、意外中毒或误食有毒猎物，都是造成该物种大规模减少的根源。世界自然保护联盟濒危物种红色名录已将其保护状态从濒危升为极危，程度仅次于野外灭绝。

高山兀鹫

——*Gyps himalayensis*

栖息于喜马拉雅山和中亚山脉的高山兀鹫是体形最大的食腐类猛禽，翼展宽2.6米至3.1米，体重为8千克至12千克。它的羽毛色浅，脖子基部长了一圈厚厚的微白色领翎，以防进食时，腐尸体腔的腐化液体弄脏羽毛。脖子上覆盖着稀疏散乱的白色绒毛，露出红润的皮肤。嗉囊呈褐色，喙呈蓝灰色，而爪子和脚趾都呈粉灰色。这种小规模群居于山间陡峭岩石的物种，经常在高空盘旋，能够适应极度缺氧和异常低温的高空环境。20世纪90年代，高山兀鹫因常误食体内留存有双氟萘酸的动物腐尸而意外中毒。如今，它被世界自然保护联盟列为近危物种。

冠兀鹫

—— *Necrosyrtes monachus*

冠兀鹫也称头巾兀鹫。西非的约鲁巴部落中流传着一个神话故事，相传在一次历时很长的大干旱期间，庄稼枯死，粮食绝收，因此，部落成员打算屠宰一只公羊献祭作法，祈求风暴之神降雨。公羊被放在篮子里，唯有兀鹫接受了这件差事，将祭品运到天上去。后来，果然天降甘露。可是兀鹫回来后却发现，自己的窝已被掏空摧毁。于是兀鹫便向其他鸟类求助，却遭到无情拒绝。从那天起，秃鹫只好流亡天际，以腐肉为食，还因被祭祀之火烧毁了头颈的羽毛而秃头至今。

冠兀鹫是其栖息地中体形最小且最不凶猛的兀鹫之一，常见于雨林地带的林中空地、沿海沼泽和潟湖之上，还喜欢驻足人类居住区森林边缘的垃圾场和屠宰场。这类生活在撒哈拉以南的乌干达、肯尼亚和坦桑尼亚的兀鹫，最显著的外形特征为又长又窄的喙。幼鸟的羽毛呈褐色，而成年后，颈部后方会长出绒毛状白斑和一圈白颈毛，翅膀下方有花纹。兴奋刺激和进攻行为都会引起它的血管舒张和收缩，从而使颈部皮肤产生变化。

飞翔时，冠兀鹫的翅膀比埃及秃鹫的更短、更宽，前者的爪子有六趾，而后者只有五趾。

作为滑翔高手，冠兀鹫可以毫不费力地连续数小时绕圈寻找死亡或垂死的动物。不可思议的是，它的羽毛精确地长到84根，每根都能对细微呼吸做出独立反应和调整，以确保飞行的完美状态。它们总在寻找上升气流，熟知如何发现并利用这些气流来提升飞翔高度。而要想下降，它只需收回翅膀；要想停住，只需伸出两爪。

它那尖硬的喙有助于从骨头上取肉，但不能撕下死尸的皮。因此，它通常将这个步骤留给更大的食腐猛禽来帮它完成。它有力的爪子适合奔跑和行走，但不适合捕捉猎物。因为不适合捕猎，冠兀鹫无法真正选择自己的食物，常以昆虫和城市垃圾来充饥。虽然没有表面看上去那么凶猛，冠兀鹫并不惧怕人类。在西非，冠兀鹫的现存数量已经不足20万只。世界自然保护联盟将其列为极危物种。

白头秃鹫

——Trigonoceps occipitalis

白头秃鹫的显著特征为白冠和圆钩状的橙红色喙，中等身型，重量为4到5千克。它的翼展超过2米，与非洲兀鹫相当，宽于冠兀鹫，但窄于欧洲地区的秃鹫。白头秃鹫全身羽毛呈褐色，颈部和喉部覆盖浓密的白色羽毛。这类食腐猛禽以其他捕食动物杀死的猎物残骸为食。在低空飞行时，它偶尔比其他兀鹫抢先一步，但往往很快就会被凶猛有加的肉垂秃鹫，或群体更大的非洲兀鹫从腐尸上驱赶开。白头秃鹫在2015年被列为无危物种，而如今却面临灭绝威胁，白头秃鹫如今被列为极危物种。。

白兀鹫

——Neophron percnopterus

白兀鹫又名埃及秃鹫，在西班牙，白兀鹫被称为“alimoche”，生活在从南欧延伸至北非的西古北界地区。此外，在亚洲和撒哈拉以南的部分地区也能发现它们的身影。这类秃鹫的辨识度高，脸和喙均呈黄色，长有白色的羽毛和黑色的飞羽。它的翼展为1.5至1.8米，重量为1.5千克至2千克，其总量估计在5000对至12,000对。自2007年5月起，白兀鹫被世界自然保护联盟列为濒危物种，主要受到栖息地丧失、猎杀或食物储备枯竭造成的威胁。

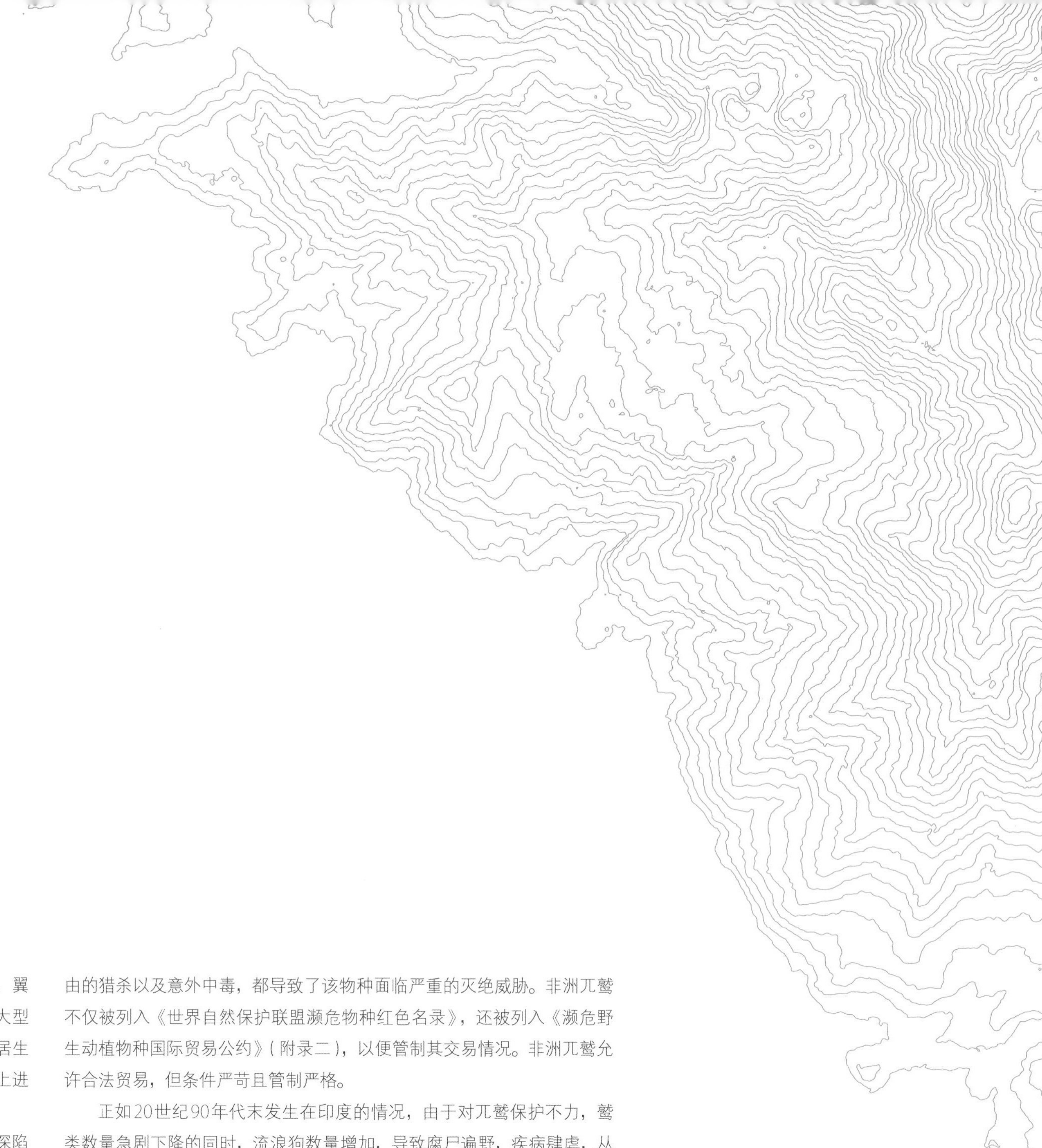

非洲兀鹫

—— *Gyps africanus*

非洲兀鹫又称非洲白背兀鹫，是最常见的兀鹫之一，身高近1米，翼展可达2米。这类食腐猛禽以热带稀树草原上的牛羚、黑斑羚和其他大型哺乳动物的腐尸为食。长长的颈部使它能够探入猎物的血腥伤口。群居生活的非洲兀鹫会与同伴一起狩猎，有时还会上百只聚集到同一具腐尸上进食。极其敏锐的视力让它能够发现几千米外的潜在猎物。

尽管广泛分布于撒哈拉以南直至北非的非洲大陆，这类猛禽仍然深陷生存困境，其数量自2007年起锐减。据估计，90%的非洲兀鹫消亡于过去的55年间。农业发展、传统猎物减少（尤其是野生有蹄类动物）、贸易为由的猎杀以及意外中毒，都导致了该物种面临严重的灭绝威胁。非洲兀鹫不仅被列入《世界自然保护联盟濒危物种红色名录》，还被列入《濒危野生动植物种国际贸易公约》（附录二），以便管制其交易情况。非洲兀鹫允许合法贸易，但条件严苛且管制严格。

正如20世纪90年代末发生在印度的情况，由于对兀鹫保护不力，鹫类数量急剧下降的同时，流浪狗数量增加，导致腐尸遍野，疾病肆虐，从而造成非洲共有4.5万人死于狂犬病。非洲兀鹫被列为极危物种。

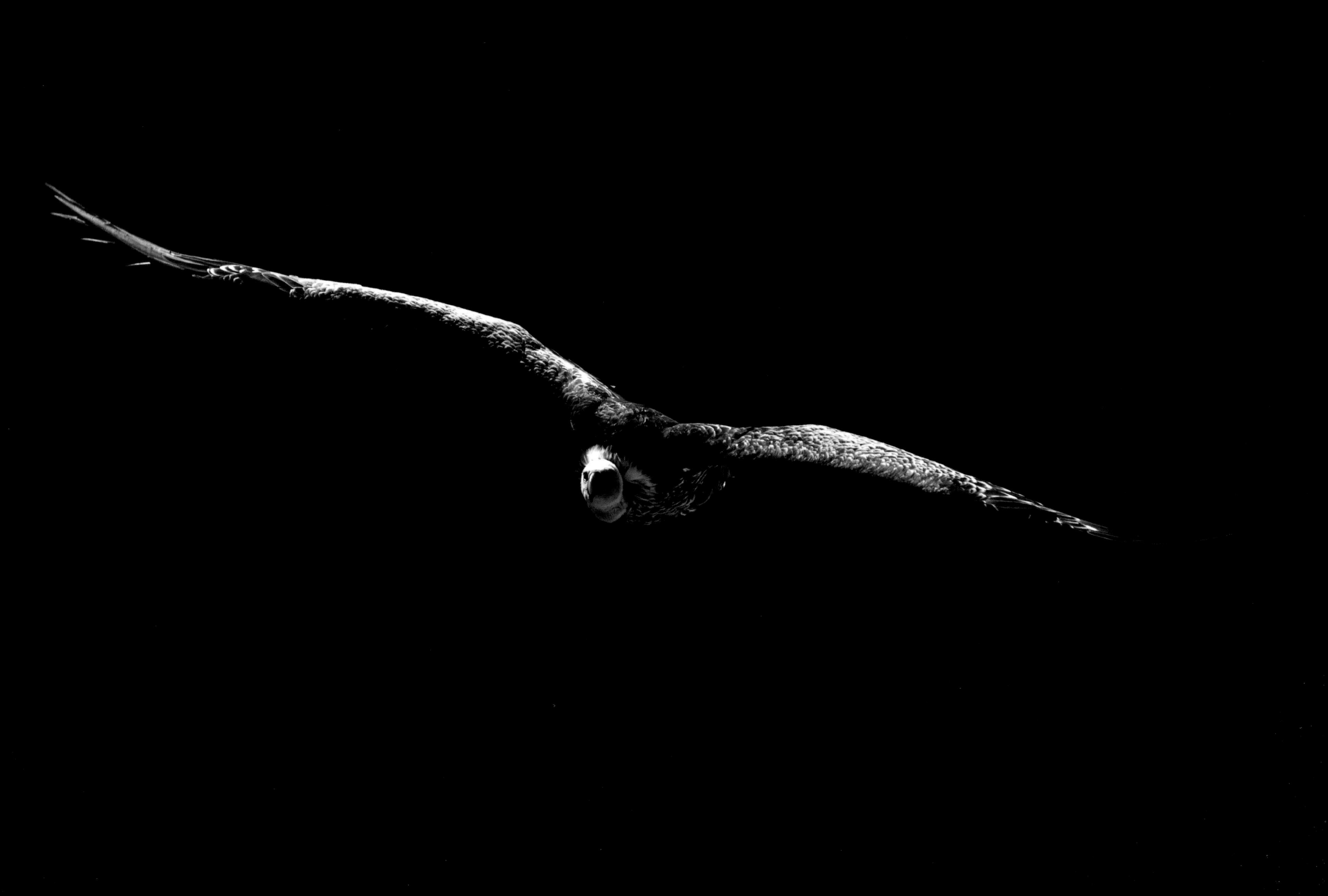

褐林鸮

与洁白无瑕的雪鸮不同，褐林鸮栖息于印度、印度尼西亚和中国南部的南亚地区沿海雨林。行动谨慎的它叫声变化多端，非常受人喜爱。它的毛色与树干相仿，使其能融入周边的自然环境而不被察觉。褐林鸮的现存数量难以精准估算。不过，随着沿海地区森林砍伐增加，栖息地面积逐渐缩小，它们也面临人类活动造成的生存危机。褐林鸮被列为无危物种。

安第斯神鹫

—— *Vultur gryphus*

“mallku”（意为“领导者”），这是艾马拉人为地球上最大的非海洋飞禽——安第斯神鹫（也名为安第斯神鹫、康多兀鹫）而起的称谓。安第斯神鹫是安第斯高山之主，其法语称谓“condor”源于克丘亚语“kundur”。作为安第斯宇宙起源说的核心象征，它不仅是权威的代表，也是人世与冥界的纽带。矗立于玻利维亚、象征着前印加时期蒂瓦纳科文化的纪念碑遗址——太阳门上，雕镌有生动逼真的安第斯神鹫头像。

被称为“深渊之灵”的安第斯神鹫拥有巨型黑色翅膀，翼展宽达3.20米。它们的分布范围很广，从火地群岛延至委内瑞拉，横跨太平洋海岸至大西洋，是南美洲文化和自然遗产的一部分。尽管数量急剧减少，最擅长空中盘旋的安第斯神鹫仍不时在安第斯山脉中部地区（玻利维亚、秘鲁、厄瓜多尔、智利、阿根廷和哥伦比亚）的安第斯高原山峰上翱翔。它最高能飞到海拔7000米。

与雕类一样，安第斯神鹫也是一夫一妻制，每窝只产一枚蛋。雏鸟需要一年半的时间才能成年，但要等到8岁才能繁殖。它的寿命与其发育程度成正比，寿命最长可达100年，野生安第斯神鹫平均寿命为80年。该物种的更替速度缓慢，使其极易受到自身生态系统中一切狩猎活动和调整情况的影响。由于被牧民视为危险存在，加之人类活动影响，导致栖息地受到限制，神鹰因此经常难逃被捕的厄运，而人类是其唯一捕猎者。安第斯神鹫被列为近危物种。

夏威夷黑雁

这种蹼类飞禽（又名黄颈黑雁）是美国夏威夷群岛的特有物种，经常出没于火山山坡采集花叶、果实、种子和块茎。

夏威夷黑雁曾经多达25,000只，但猎杀活动、鸟蛋被掏和引进物种捕食成鸟，都导致该物种数量急剧下降。2004年，野生夏威夷黑雁仅剩800只左右。

此外，夏威夷黑雁需要在安静的环境中养育幼鸟，可是，栖息地剧变，加之小印度獴（考艾岛除外）、狗、猫、猪和老鼠的捕食，导致其生存遭遇严重威胁。除了与来往车辆相撞、近亲衰退，疾病和寄生虫、圈养后丧失适应能力和食物不足，都会对夏威夷黑雁造成危害。更何况，携带弓形虫的野猫近在咫尺，这种病原体可引发鸟类感染或致命的弓形虫病。因此，雏鸟的年均成熟率只有30%，其余则死于饥饿、口渴或被捕猎动物吞食。夏威夷黑雁被列为易危物种。

葵花凤头鹦鹉

葵花凤头鹦鹉会竖起羽冠来进行交流、恐吓敌人或引诱雌性交配。照片中的葵花凤头鹦鹉有可能同时出于上述三个目的而竖起呈扇状的羽冠。只有在东帝汶、印尼、澳大利亚东部群岛或巽他群岛上才能看到野生的葵花凤头鹦鹉，数量不足1000只。

这种来自澳大利亚东部的食果和食谷性鸟类，体长约50厘米，体羽为白色，头顶黄色羽冠；喙部为几近黑色的深灰色，羽冠为6根朝前竖起的羽毛，眼周长有一圈白环。葵花凤头鹦鹉常发出巨大叫声，喜欢栖息于江河流域的森林里，以群居方式集体抵御蝙蝠和鸢。遭受敌人威胁或为吸引雌性时，它便会竖起冠羽。圈养的葵花凤头鹦鹉虽然受到保护，但由于它破坏树林、谷类和果类作物以及花园棚屋，所以被视为害鸟而常惨遭射杀和毒害。森林砍伐及驯化是导致该物种稀有的两个因素。葵花凤头鹦鹉被列为低危物种。

大白凤头鹦鹉

在野外生活的地区，很容易听到凤头鹦鹉有力而重复的叫声。体长45到50厘米，平均体重900克，凤头鹦鹉在树上活动，很少从树上下来。这种鸟的腿和喙是灰色的，而它的羽毛和头冠则完全是白色的。雌性比雄性小，眼睛是红色的，而雄性的眼睛是棕色的。无论雌雄，它们的白色头冠正常时都是趴下的，当激动时头冠才会竖起。白冠凤头鹦鹉通常以20只左右为一组活动。雌性相当温柔，而雄性则更具有攻击性。在人工饲养的情况下，大白凤头鹦鹉可以活到60岁。大白凤头鹦鹉被列为濒危物种。

灰凤冠雉

灰凤冠雉之所以得此名，是因为头顶长有形似圆石头的蓝灰色大冠。该物种为凤冠雉科，栖息于哥伦比亚和委内瑞拉的雨林和山区。它的身长在50厘米到92厘米之间，是南美洲大型的鸟类之一。正因生活在山区，部分鸟群才能免遭被滥杀的厄运。然而由于森林砍伐和便于觅食（如种子、浆果和水果）的自然栖息地面积减小，灰凤冠雉还是不幸成为受害者。灰凤冠雉被列为濒危物种。

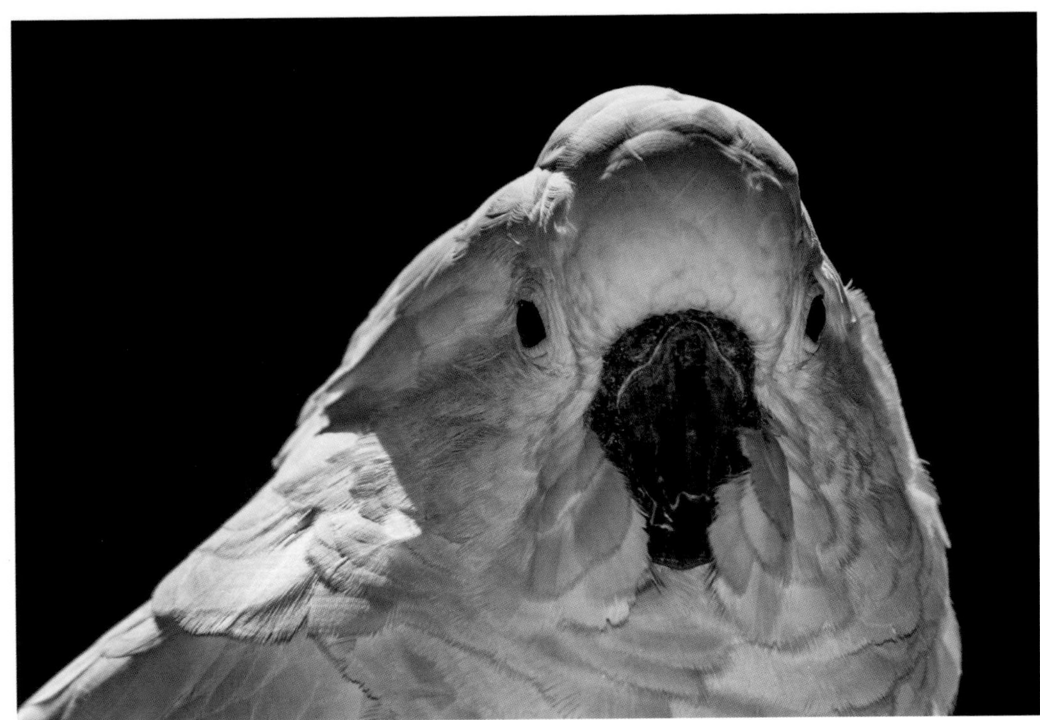

鬃毛利齿狐蝠

—— *Acerodon jubatus*

鬃毛利齿狐蝠是巨型蝙蝠，有时也被称为“菲律宾果蝠”。其翼展为1.5米，体重能超过1千克，是世界上最大的蝙蝠。它喜欢用锋利的爪子勾住树枝，稳稳地头朝下倒挂在树上，以水果、树叶和花粉为食。

这种蝙蝠是毛里求斯的特有物种，可长途跋涉飞至60千米外觅食。因其抢食农业种植园的杧果和荔枝，毛里求斯政府展开了大规模灭蝠行动，威胁到了该物种的生存。鬃毛利齿狐蝠被列为无危物种。

白尾海雕

—— *Haliaeetus albicilla*

白尾海雕是欧洲最大、世界第四大的鹰科飞禽，翼展可达2.5米、体重可达6千克。它那锐利的爪子抓力惊人，每平方厘米的施压超过150千克。除了较浅色的头部和颈部，它的体羽主要为深褐色。该物种傍水而居，以鱼类为食，也会捕猎鸟类和哺乳动物。它的耐力惊人，飞翔时翅膀保持平展或呈现拱形。由于狩猎、水污染和湿地破坏，该物种陷入极危状态。1959年，白尾海雕在法国销声匿迹。20世纪中叶前，欧洲其他地区的白尾海雕已经消亡，所幸各国政府及时对其实行了保护措施，对该物种进行大量复育。不过，现阶段即便还能在法国看到白尾海雕，那也只是越冬期间，因为其中近半数的白尾海雕会成双成对飞至挪威沿海地区繁殖，这种猛禽已能适应这种极端的气候条件。白尾海雕被列为无危物种。

虎头海雕

—— *Haliaeetus pelagicus*

虎头海雕是世界上最大的一种猛禽，翼展可达2.5米，体羽黑白相间，鸟喙则呈黄色。散发王者气度的虎头海雕栖息于亚洲东部河流区域，因为有大量鳟鱼和鲑鱼可待捕食。这种昼行性动物有时能从栖息处观察深至水下的猎物，然后俯冲猛扑，用强有力的利爪逮住猎物。虎头海雕被列为易危物种。

“我从前一直以影像的方式写随笔，

这不仅是我的拍摄动力，

也是我的人生主线。”

智利火烈鸟

—— *Phoenicopterus chilensis*

这种美丽的火烈鸟遍及从厄瓜多尔到阿根廷的区域，是阿塔卡马沙漠的特有物种，夏天在玻利维亚的南利佩斯省（Sud Lípez）筑巢。当地还生存着其他两种粉红色火烈鸟——詹姆斯火烈鸟和安第斯火烈鸟。智利火烈鸟与同属的区别在于其粉红色的膝盖和浅鲑鱼色的羽毛。该物种的生存因鸟蛋买卖和采矿造成的水道污染而遭遇威胁。智利火烈鸟被列为近危物种。

欧洲深山锹形虫

——Lucanus cervus

欧洲深山锹形虫身披带有酒红色光泽的黑色甲壳，双翅覆盖着像保护罩似的坚硬角质鞘翅。这种鞘翅目昆虫对人类无害，因雄虫长有大颚而得此名。作为欧洲最大的甲虫，雌虫可达6厘米，雄虫可达8厘米。它们不仅遍布于森林和树林，在柴房无处藏身时，也可存活于树篱和灌木丛，以啃食腐木为生。欧洲深山锹形虫被列为近危物种。

猎隼

——Faucon sacre

其实，猎隼的学名并非来源于法语词汇“sacré”（意为“神圣”），而是来自阿拉伯语“çaqure”，意为“猎鸟”。作为鹰猎活动中最受欢迎的鸟类，猎隼的分布范围广阔，从中亚延伸到埃塞俄比亚（迁徙期间）。猎隼被列为近危物种。

费沙氏情侣鹦鹉

—— *Agapornis fischeri*

这种体形小巧的食谷粒鸟类身长在13厘米至17厘米之间，因极度群居的习性而通常成对生活。最常见到它们蜷缩着相互用红色的小圆喙亲吻。这些活泼调皮、形影不离的鹦鹉，动作十分敏捷，不仅喜欢用有力的双腿攀爬，也喜欢飞来飞去。它们的身体呈淡绿色，颈部呈金黄色，往头部逐渐加深至橙红色。这个物种得名自探险家古斯塔夫·阿道夫·费舍尔（Gustav Adolf Fischer，1848—1886年），他在1882年的一次探险中发现了该物种。在坦桑尼亚，野生费沙氏情侣鹦鹉成群结队地生活在一起，不过，它们也是常被当作宠物圈养。正是这种商业交易和栖息地受限，使得费沙氏情侣鹦鹉被世界自然保护联盟列为近危物种。

丹顶鹤

丹顶鹤，又称“满洲鹤”或“仙鹤”，是一种大型涉禽，也是中国国家一级保护动物，身长1.2米至1.5米，翼展约2米，个别可重达10千克。体态纤细优雅的丹顶鹤以头顶的红色肉冠为特征。而这块红色区域会在繁殖期间变得更加鲜艳，与洁白的体羽形成鲜明对比，只有飞羽后端呈黑色。作为杂食性动物，丹顶鹤的食物不仅包括淡水鱼、蜗牛、两栖动物，还包括橡子、芦苇和稻谷。丹顶鹤被列为濒危物种。

“它们的风格、体形、颜色和外形

让我们感到惊喜，对其充满好奇。

这些观察让我们变得更加敏感，

而敏感度恰是警觉之心和责任感的关键所在。”

黑冕鹤

—— *Balearica pavonina*

维多利亚凤冠鸠

源自新几内亚的维多利亚凤冠鸠拥有色彩斑斓的艳丽体羽，栖息于低地或沼泽森林。它是世界上最大的陆地鸽，体重在1.5千克至2.4千克之

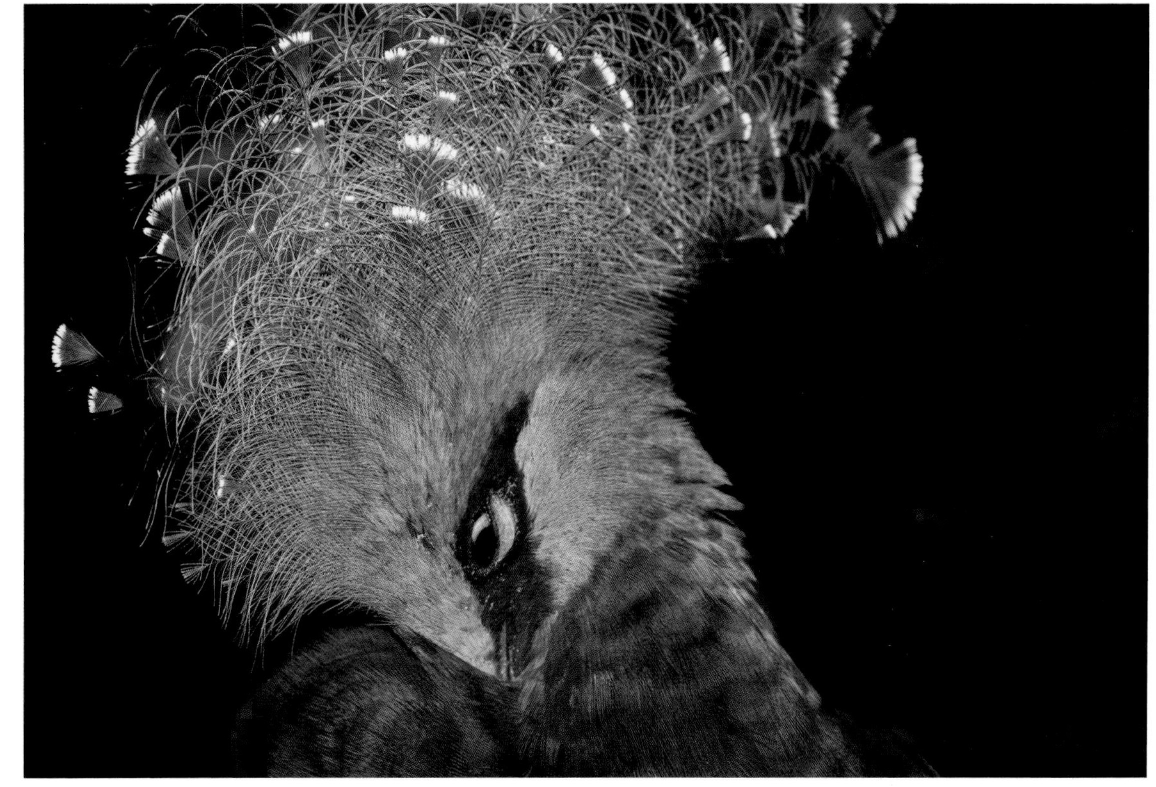

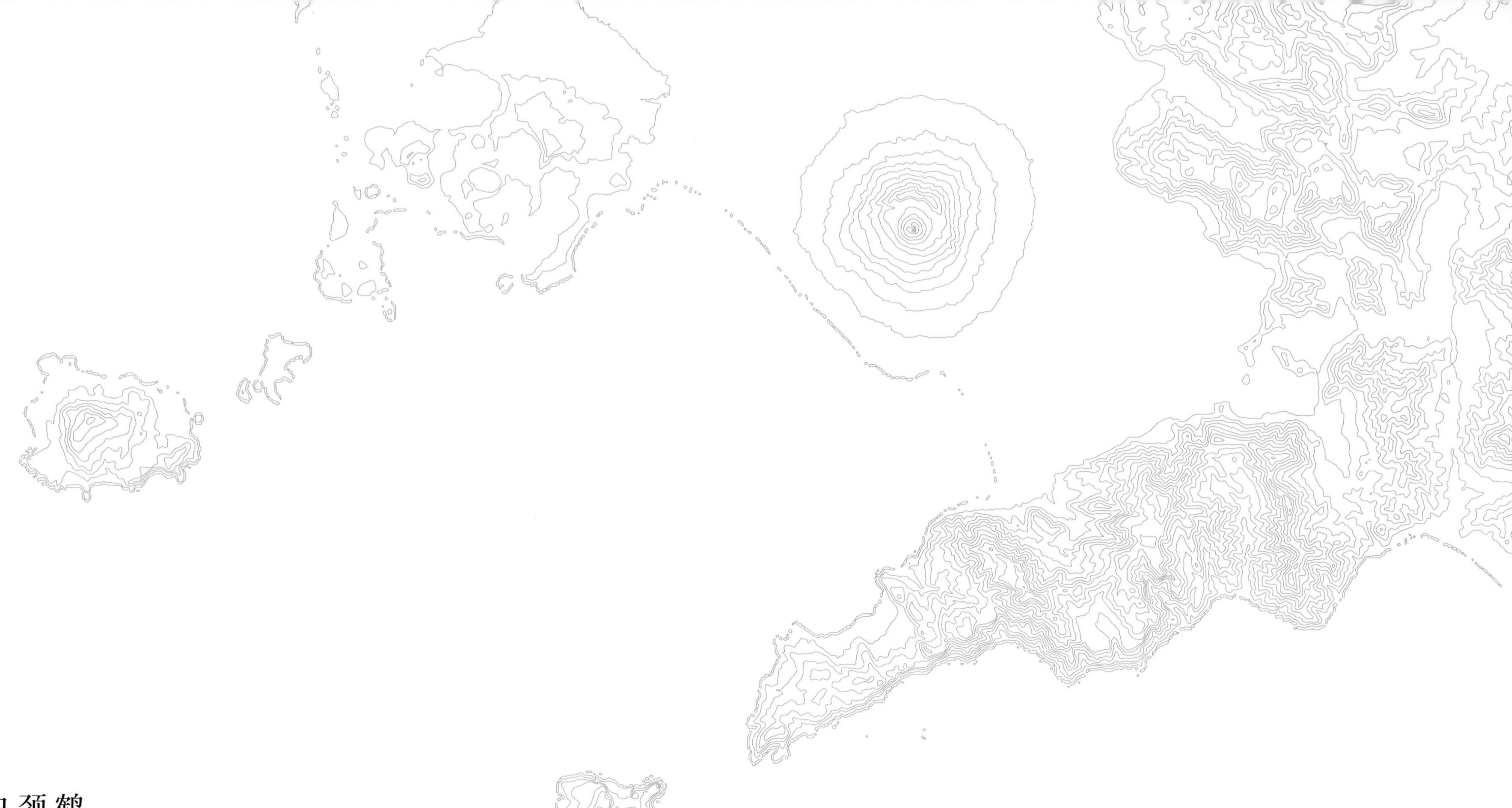

白颈鹳

—— *Ciconia episcopus*

步伐缓慢、喜静孤僻，体羽乌黑光亮，反衬出洁白的颈部，颇有教士模样，不是吗？目前，这种鸟类广泛分布在整个撒哈拉以南非洲、印度和东南亚地区，喜居于湿地、红树林，甚至热带草原。由于栖息地退化，它们已在菲律宾消亡，而该物种在整个东南亚都面临严重的生存危机。白颈鹳被列为易危物种。

雪鸮

—— *Bubo scandiacus*

准确地说，高贵乖巧的雪鸮是鸱鸮科的一种猫头鹰，就像其同属大角鸮一样。这种被因纽特人称为ookik的鸟类，栖息于从加拿大至斯堪的纳维亚半岛的北极四周苔原；但过去在法国某些地区也有所发现。与许多同属一样，电力基础设施、汽车和飞机等机动设备都威胁雪鸮的生存。风靡全球的《哈利波特》也令该物种面临新困境——雪鸮的信使形象深入人心，粉丝无视物种保护条例纷纷将其作为宠物饲养。雪鸮被列为易危物种。

白肩雕

—— *Aquila heliaca*

白肩雕喜居于森林草原地区，要等到五六岁左右才长完羽翼。这种威风凛凛的猛禽由于体形过大、体重过重，只能在飞行时窥视，伺机到地面捕猎。为了在迁徙过程中节省能量，它会利用上升的暖气流，在气流上方展翅绕圈翱翔数小时，再接着飞向下一处气流。白肩雕在这些气流的推动下，通过避开冷气流区域，可以不费吹灰之力就飞翔数千千米。求偶期间的白肩雕，成双成对表演高空翱翔杂技，飞行时抓住对方双腿卿卿我我，为观众献上一场惊心动魄的幸福爱情表演。

由于栖息地退化、鸟蛋被盗、猎物稀少或误撞电线而亡，所剩无几的白肩雕或许还会继续减少。白肩雕被列为易危物种。

猛雕

——*Polemaetus bellicosus*

猛雕的翼展在1.88米至2.6米之间，是非洲最大的一种雕类。这种猛禽的视觉敏锐度是人类的3倍，使其成为可怕的掠食者。在所有非洲雕类中，要数猛雕的飞翔技能最让人印象深刻。它的外形特征突出，头的后部有隆起，体羽为深棕色，胸部带有棕色斑纹。这些斑纹正是其与同属黑胸短趾雕的区分标志。雌雄猛雕虽难以区分，但雌性往往比雄性稍大，腹部斑点较密集。一夫一妻制的猛雕每两年才繁殖一次。

虽然猛雕通常出现在开阔的林地、树木茂密的热带草原、灌木丛或荆棘丛中，但也会出现在非洲南部的亚沙漠或较开阔地区，海拔有时可达3000米，不过较少低于1500米。这种猛禽分布于撒哈拉以南非洲的塞内加尔、冈比亚，直至埃塞俄比亚和索马里西北部。它也在非洲南部，特别是纳米比亚、博茨瓦纳和南非留下痕迹。

因捕食羔羊和山羊等家禽，饱受栖息地退化之苦的猛雕沦为农耕者射杀、诱捕和毒杀的目标。此外，因为有些水库墙体陡峭，很多猛雕不幸溺死于水库，或因误撞电线丧命。这种面临生存威胁的猛禽还因可用作传统药材而遭捕杀，尤其在南非。猛雕被列为易危物种。

红鸢

——*Milvus milvus*

红鸢是欧洲地区的特有猛禽，翼展为1.75米至1.95米，主要以小型动物的尸体为食。它那红褐色的羽毛会根据个体的年龄和性别而变化（例如年轻的雄鸟的羽毛颜色较浅）。该物种的首要威胁为意外或（非法）故意毒害，因为它们会捕食牲畜和猎物。例如，人类最初的毒害目标是狐狸或狼，但红鸢误食这些动物的尸体后，成为间接受害者。此外，农药也是该物种间接中毒的原因，它们会误食杀鼠剂中毒的鼠类。这些毒患，特别是在法国和西班牙的冬季期间，会导致红鸢的数量迅速减少。红鸢被列为近危物种。

红脸地犀鸟

—— *Bucorvus leadbeateri*

红脸地犀鸟是非洲的特有物种，体形很大（体重可达6千克），主要生活在非洲南部的热带草原。它全身有着乌黑的羽毛，与白色的飞羽以及上身裸露的朱红色皮肤形成鲜明对比，眼部蓝色的虹膜更是让好奇的观察者饶有兴趣。它黑色的鸟喙强劲有力，基部为骨质盔突。雄鸟的盔突比雌鸟的更大。

肉食性的红脸地犀鸟以蚱蜢、甲虫、蜥蜴、蝎子、白蚁以及其他鸟类和小型哺乳动物为食。这种勇猛的捕猎能手，有时甚至会攻击较大的猎物，如松鼠、乌龟、老鼠、野兔或巨蜥。

作为昼行性的群居动物，红脸地犀鸟以2只到12只为单位共同生活。它们的组织结构复杂，以一对占优势的鸟为中心，只有这对鸟进行繁殖。雌鸟孵卵时，其周围有成年雄鸟聚集而来保卫领地、喂养幼鸟。由于生性活泼，因此很难观察到静止不动的红脸地犀鸟，除非是夜间待在树上的时候。这种鸟喜欢踱步，但被追赶时人们能看到它飞走躲在树枝上。不过若是为了将入侵者赶出自己的领地，它会施展飞行技术，追着入侵者不放。

红脸地犀鸟的分布范围从刚果民主共和国南部和肯尼亚延至南非边境，但其数量已急剧下降。面临灭绝威胁的它们如今只出现在国家公园或保护区内。繁殖率低、栖息地破坏、狩猎、非法贸易和在南非被作为传统药材使用，都威胁着这一物种的生存。人工饲养的红脸地犀鸟寿命可达60年。红脸地犀鸟被列为易危物种。

军舰金刚鹦鹉

—— *Ara militaris*

这种羽毛五颜六色的鹦鹉栖息在山区和半干旱的温带地区，以及中美洲和南美洲的热带森林地区，以水果、坚果和花蕾为食。它们非常吵闹，喜欢逗留在悬崖峭壁上，之所以能“飞檐走壁”，要归功于它那好比“第三只脚”的钩状喙，帮助轻松攀爬。军舰金刚鹦鹉实行一夫一妻制，终身只有一个伴侣，寿命可达60岁至80岁。宠物市场买卖是军舰金刚鹦鹉面临的主要生存威胁。军舰金刚鹦鹉被列为易危物种。

红腿巨隼

—— *Phalcoboenus australis*

红腿巨隼是一种体形较大的猛禽，体羽主要呈黑色，颈部、胸部和尾巴尖端均有白色条纹。它有深褐色的眼睛，鸟喙上的蜡膜、头上裸露的皮肤以及腿和脚趾都呈橙黄色。飞行时，红腿巨隼的翅膀上会出现白斑。大部分红腿巨隼都分布在马尔维纳斯群岛（英国称福克兰群岛）和火地岛附近，它们喜欢沿海地区、岩石海岸和长满草丛的海滩。由于只生存在这些岛屿，极其受限的栖息地使这种猛禽成为世界上最稀有的物种。作为食腐动物，红腿巨隼主要以沿海地带的幼弱海鸟、企鹅、昆虫、腐肉和垃圾为食。尽管受到法律的保护，该物种至今仍因有害于岛上引进的羊群而受到迫害。目前，红腿巨隼面临严重的生存危机。红腿巨隼被列为近危物种。

汉波德企鹅

—— *Spheniscus humboldti*

汉波德企鹅主要分布于秘鲁和智利沿海地区的众多小型群居地。汉波德企鹅与麦哲伦企鹅、加拉帕戈斯企鹅相似，同属企鹅科。野生汉波德企鹅的寿命为20年，而人工饲养条件下可达30年。该物种主要以鱼类和甲壳类为食，体长不到70厘米，体重3.5千克至5千克。该物种的生存威胁来自猎物枯竭，除了过度捕捞，洋流变化也是造成威胁的主要原因（厄尔尼诺现象会使沿岸猎物大幅减少）。汉波德企鹅被列为易危物种。

白鹈鹕

—— *Pelecanus onocrotalus*

照片中的白鹈鹕眼神犹疑，张开鸟喙似呼唤。这种动物属于白鹈鹕种，白色的体羽光亮顺滑。作为喜群居的飞禽，白鹈鹕会与同伴一道捕捉鱼类为食。鸟喙上颚末端的弯钩是它们的捕食利器。尽管体重只有10千克到11千克，但由于翼展宽达3.5米，白鹈鹕擅于飞行和滑翔，一直鼓动双翅翱翔。它们会有组织地列阵飞翔，或呈一字，或呈人字，以减少空气阻力，节约能量。为了减轻重量，白鹈鹕的骨头进化成空心状态，可靠气压推动。容积达12升的喉囊有如捞网，可以一次捕获大量鱼类。除此之外，喉囊还能在炎热天气中发挥调温功能。和许多鸟类一样，白鹈鹕的羽尾基背部也有可分泌皮脂的尾脂腺。它们会用鸟喙啄取皮脂涂抹在羽毛上，起到防水的作用。筑巢点和觅食地的消失（湿地被抽干用于耕地、取水等）、渔民对鸟群的频繁干扰、狩猎和误撞电线，都是该物种的生存威胁。白鹈鹕被列为无危物种。

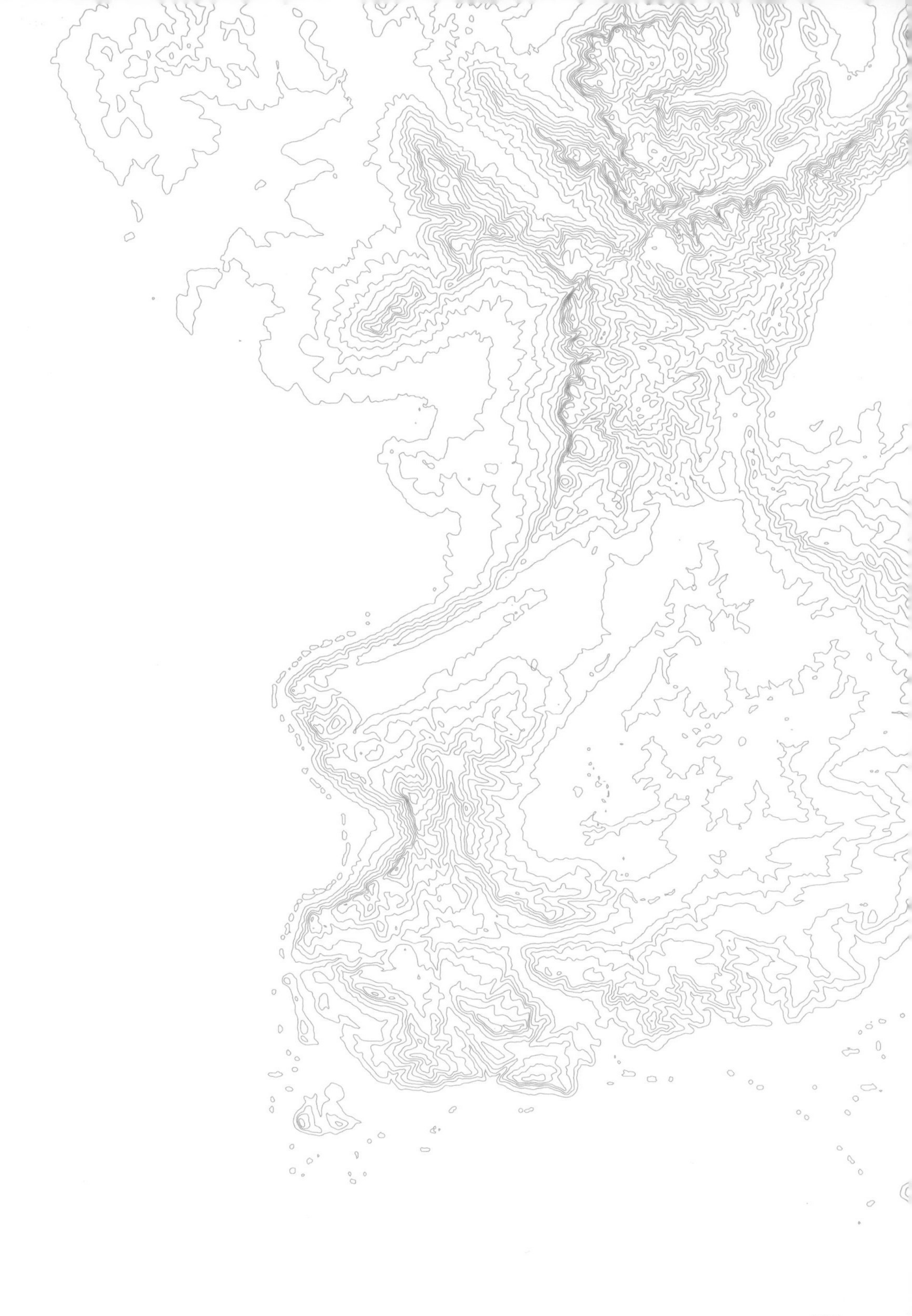

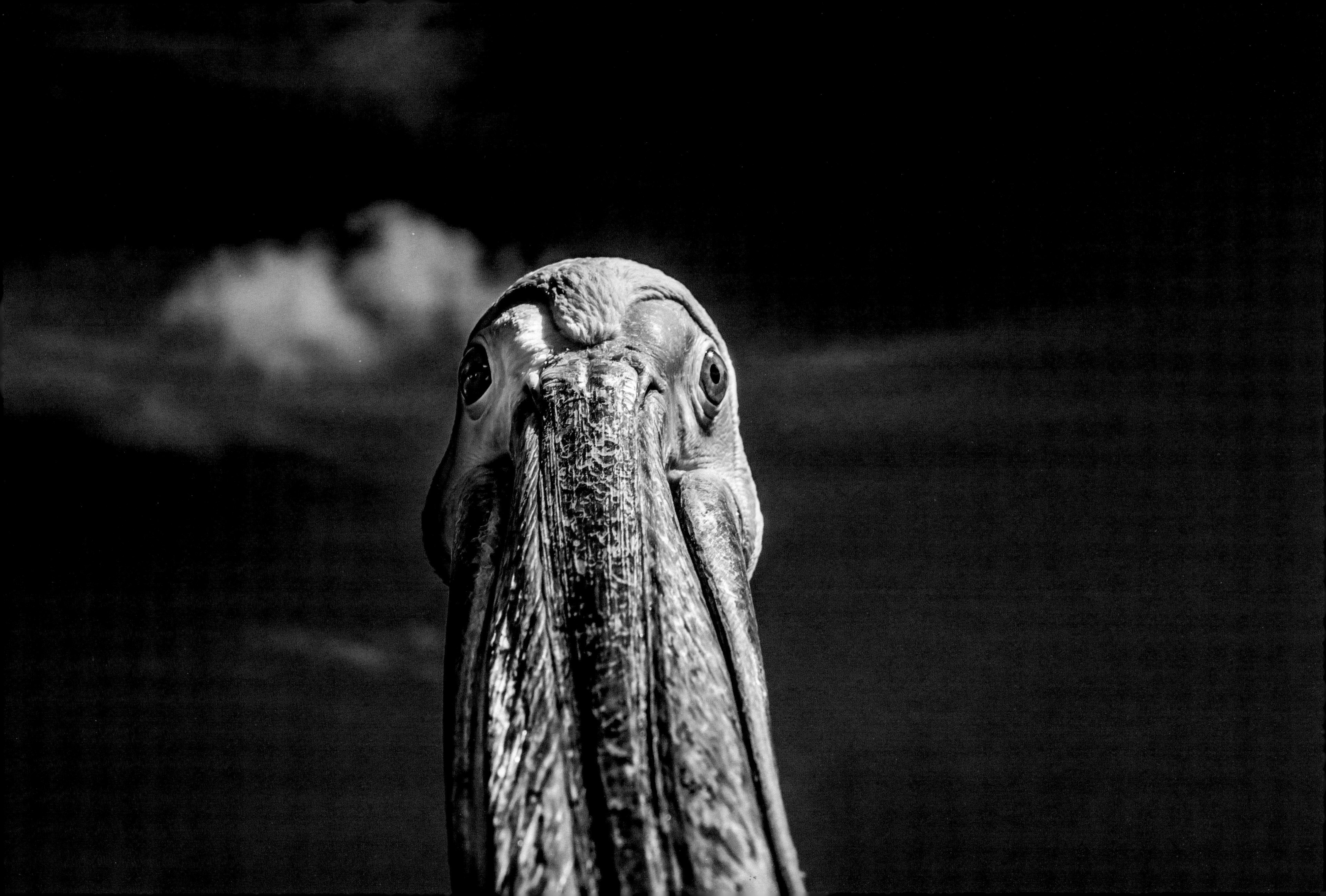

黑脚企鹅

—— *Spheniscus demersus*

黑脚企鹅是洪堡企鹅的近亲，其群居地位于纳米比亚和南非。这一物种是人类活动的主要受害者。它们面临的食物危机，除了猎物被过度捕捞这一常见原因，气候变化异常也导致其捕食区域受到干扰——由于地表水域温度有变，鳀鱼和沙丁鱼逐渐游移别处。近年来，伴随着沿海设施建设的大规模旅游业发展，以及多次发生的石油泄漏，都导致黑脚企鹅的数量急剧下降。最后，没有自我保护能力的黑脚企鹅还会受到海豹、鲨鱼或陆生动物等捕食者的威胁，因此需要人类对其采取保护措施。20世纪30年代，世界上约有100多万对具备繁殖能力的黑脚企鹅，而如今仅有22,000对生存于野外环境。这意味着该物种的存活率只有2%到3%，且灭绝速度还在加剧。从2000年到2010年的10年间，已有90%的黑脚企鹅消亡。黑脚企鹅被列为濒危物种。

蛇鹫

—— *Sagittarius serpentarius*

蛇鹫又名秘书鸟或射手鸟，是埃塞俄比亚地区特有的昼行性猛禽，翼展在1.25米到1.5米之间。和鹳一样，蛇鹫也有涉禽类的长腿，终日在大草原上行走觅食。它们会用脚爪拍晕或猛击的方式在地面捕猎，主要以蛇、蚂蚱、乌龟、啮齿类动物和蜥蜴为食。蛇鹫常在多刺树木的顶部筑巢孵卵（如槐树），每年可生下两枚鸟蛋。蛇鹫被列为易危物种。

“来自剑桥大学的国际科学家小组发现，

包括鸟类在内的动物都和人类一样具备意识。

大脑连接让它们能感受到痛苦、快乐、恐惧……”

爬行动物

马达加斯加树蚺

—— *Sanzinia madagascariensis*

马达加斯加树蚺是一种栖息在热带雨林的中型无毒树蛇，在雨林中呈绿色，但到了较干旱的丛林则偏橙色。这种夜行性肉食性动物以体形较小的灰色竹狐猴为食，善于使诈捕食，还会利用颊窝来感应猎物的体温。马达加斯加树蚺很少四处移动，因此需要预测目标猎物的踪迹，这就是它们经常吞吐舌头的原因。蛇类祖先原有四条腿，尤其在蟒蛇和蚺类的泄殖腔附近，依然能找到后腿残留趾。

马达加斯加树蚺广泛分布于马达加斯加岛，也可生存在非森林栖息地。由于禁止捕捉驯化，马达加斯加树蚺如今已无太大的生存危机。不过，世界自然保护联盟认为森林砍伐对该物种构成灭绝威胁。马达加斯加树蚺被列为无危物种。

冈瑟平尾虎

——*Uroplatus guentheri*

这种马达加斯加特有的小型爬行动物已经在无数群落生境中落脚，其所属类目可追溯到5000万至6000万年前。夜行性的冈瑟平尾虎有垂直形瞳孔，而昼行性的有圆形瞳孔，透明鳞片保护着无活动眼睑的双眼。它的四肢掌垫具有黏附作用，有利于在任何表面爬行。冈瑟平尾虎会定期蜕皮，被列为濒危物种。

木纹叶尾守宫

——*Uroplatus lineatus*

作为马达加斯加的特有物种，这种身带条纹的小型爬行动物是壁虎家族中最原始的品种。木纹叶尾守宫是夜行性树栖动物，扁平的尾巴形似枯叶。这种无害动物会打开鼻孔，并张开鲜红的嘴来吓唬敌人。它们的寿命可达15年，只能在非常潮湿的环境中生存。白天，通体褐色的木纹叶尾守宫可轻易一动不动地在树上伪装自己。

不幸的是，越来越多陆生动物爱好者想要驯化外形奇特且善于伪装的木纹叶尾守宫。然而，情绪受惊、寄生虫和脱水等因素，都使得野生木纹叶尾守宫很难在饲养箱中存活。这个物种因受欢迎而濒临灭绝。木纹叶尾守宫被列为无危物种。

犀牛鬣蜥

—— *Cyclura cornuta*

这种有鳞目爬行类动物是伊斯帕尼奥拉岛（两侧为海地共和国和多米尼加共和国）的特有物种。犀牛鬣蜥体形庞大，身长在0.6米到1.4米之间，体重可达10千克，通体呈灰色、绿色和深浅不一的褐色。它的特别之处在于鼻子上方的角状突起物，其拉丁学名和俗称都源于此。犀牛鬣蜥主要是草食性动物，以花、叶和果实为食，不过有时也吃昆虫或小型爬行动物。虽然其人工饲养使得圆尾蜥属的犀牛鬣蜥成为广泛分布于世界的物种，但仍无法阻止野外犀牛鬣蜥的日渐消亡。事实上，岛上引进的捕猎者（特别是狗和猫）对犀牛鬣蜥的长期生存构成了威胁。犀牛鬣蜥被列为濒危物种。

美洲鬣蜥

—— *Iguana iguana*

美洲鬣蜥（又名绿鬣蜥）是分布非常广泛的美洲鬣蜥属物种，分布在从巴西南部，以及巴拉圭到墨西哥北部，直至美国部分地区。此外，它们还栖息于加勒比群岛、佛罗里达州南部以及夏威夷等地。

来源地不同的美洲鬣蜥，颜色和外观也有所不同，呈现深浅不一的绿色、粉红色、蓝色或橙色。从头到尾的身长一般在1.5米到2米之间，识别特征为尾巴的数圈黑环和沿背部至尾巴的一列棘刺。美洲鬣蜥为草食性动物，主要以叶子为食。据观察，它有近96%的时间不活动，其余时间在树上觅食。尽管如此，美洲鬣蜥还是相当具有攻击性的。在对抗其他公蜥以保卫领地时，尤其是在繁殖期间，它们也会奋起抵抗。

美洲鬣蜥因其富含营养、肉质鲜嫩且味鲜可口而广为人知（也因此而遭猎杀）。随着市场需求增加，买卖价格飙升，该物种成了贩卖者的主要目标。除了猎人，爬宠爱好者也喜欢将美洲鬣蜥当成宠物。最终，《濒危野生动植物物种国际贸易公约》只好将该物种列入附录二，指出需要控制对其的贸易行为，以免物种本身的延续受到危害。之所以做出这一决定，是因为当地美洲鬣蜥数量出现大幅下降。例如，墨西哥瓦哈卡州目前仅存5%的美洲鬣蜥。更为严重的是，该物种繁殖条件苛刻且繁殖率低，但中美洲地区的猎人仍多以受孕母蜥为猎杀目标。以上关键的保护问题，加之集约化农业的影响，迫使越来越多的政府采取措施限制对犀牛鬣蜥的猎杀活动，努力维持其存活数量。美洲鬣蜥被列为无危物种。

小安的列斯岛鬣蜥

—— *Iguana delicatissima*

小安的列斯岛鬣蜥是小安的列斯群岛（加勒比群岛）保护区的特有物种，该地又称为鬣蜥岛。这种蜥蜴科爬行动物的背部至尾巴有一列棘刺，如恐龙般威风凛凛。受到威胁时，它会用尾巴来攻击侵略者。长长的爪子可以让它在墙壁和树上灵活自如地攀爬。不静静待着享受日光浴时，草食性的小安的列斯岛鬣蜥会四处觅食，食物以树叶、花和果实为主。成年鬣蜥可通过颜色来辨认，体色会随年龄增长而变深。

小安的列斯岛鬣蜥对人类无害，但反之则不然。人类活动对其栖息地的破坏，是导致该物种在数座岛屿上逐渐消亡的原因之一。到目前为止，这种鬣蜥仅存1万只，它们不仅受到猎杀威胁，还逐渐被引进的普通鬣蜥品种取代。

小安的列斯岛鬣蜥的背脊长有呈鬣状的棘刺鳞片，可竖立呈刺状起保护作用，防止捕食者来袭。这也让它散发出非常奇特的古风气质。年长雄蜥的背刺可长达8厘米，两侧有一排较短的鳞片。除了体色，背脊也是性别分化的显著标志，因为雌蜥和幼蜥的这些特征非常不明显。此外，到了交配季节，阳光暴晒下的雄蜥头部会呈橙色。最后，这种鬣蜥还长有块茎状鳞片，可保护自己不被咬伤，且看上去更加凶猛。

它的脚掌分别长有五根细长的爪子，较长的有助于稳定自如地攀爬枝条和植物，而较短的则用于挖掘软土。蜕皮时，它全身的角质表皮鳞片会替换更新。

小安的列斯岛鬣蜥的特殊之处在于拥有“第三只眼”，称为“颅顶眼”，在体温调节中起着至关重要的作用。顶眼位于头顶，不仅具有感光能力，还能侦测捕食者的攻击。作为双眼的退化器官，顶眼由光感受器组成，可感知环境光亮的明暗变化，据此调节体色的对比度。小安的列斯岛鬣蜥被列为极危物种。

斐济带纹鬣蜥

—— *Brachylophus fasciatus*

这种昼伏夜出的蜥蜴体形粗壮，可长达到80厘米。雌蜥通体翠绿，而雄蜥也呈绿色，且带有白色条状纹。这种草食性树栖动物喜居于斐济和汤加的热带原始森林，进食和活动时会将尾巴缠绕在树枝上保持平衡。由于自然栖息地逐渐减少，加之被猫和獴捕食，这种鬣蜥正面临灭绝威胁。斐济带纹鬣蜥被列为濒危物种。

阿尔达布拉象龟

—— *Aldabrachelys gigantea*

阿尔达布拉象龟是塞舌尔岛的特有物种，是地球上体形最大的陆龟。这种爬行动物的圆顶甲壳较高，呈棕褐色，由角质板组成，起到屏蔽作用，可保持体内热量并储存钙质，其身体的其他部分都被覆盖。它的皮肤比较柔软，且会经历蜕皮的过程。由于要支撑自身350千克的体重，因此它的腿部粗短，肌肉非常发达。脚掌长有利爪的五个脚趾相连，前腿明显比后腿强壮。它的寿命可达150岁，但由于人类活动、环境污染和杀虫剂危害的影响，虽已有保护措施，这种海龟仍面临生存威胁。阿尔达布拉象龟被列为易危物种。

“在随时间流逝而消亡的现实边缘。”

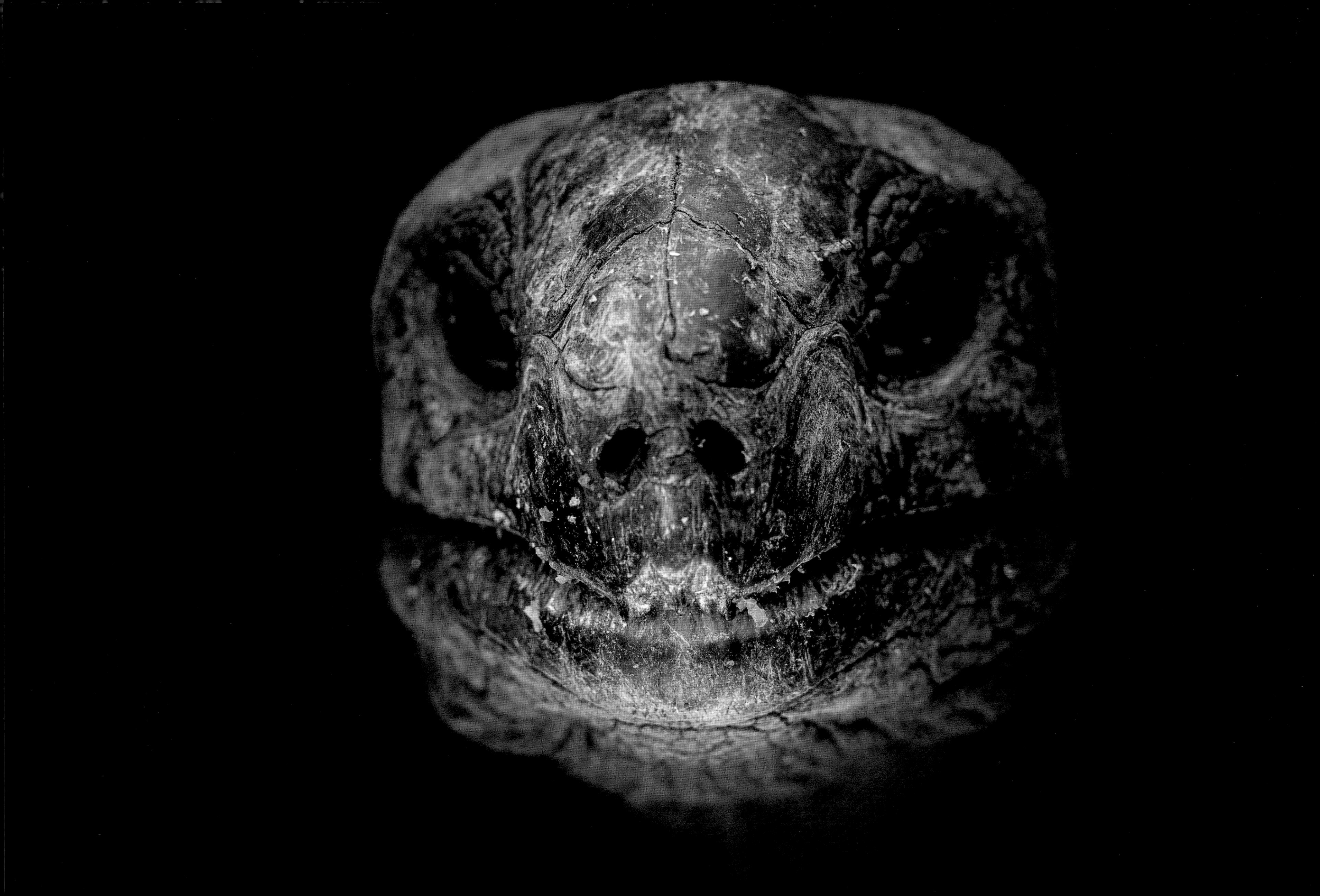

射纹龟

—— *Astrochelys radiata*

射纹龟的背甲上有辐射线图案，因此又称马达加斯加辐射陆龟，是非常受欢迎的宠物品种。身长在30厘米到40厘米之间，体重15千克到20千克，寿命可达上百年。最著名的马达加斯加射纹龟名叫Tu'i Malila，1777年由詹姆斯·库克船长献与汤加王室，后死于1965年，是有记载的最长寿射纹龟。射纹龟因其别致的甲壳而成为偷猎和窃取龟蛋等非法活动的受害对象。射纹龟被列为极危物种。

绿蠵龟

—— *Chelonia mydas*

绿蠵龟又称绿海龟或青海龟，分布在各大洋的热带水域。体形巨大，长90厘米至135厘米，重80千克至130千克。扁圆形的背甲十分符合流体动力学原理，因此它是游速最快的海龟，时速为35千米。幼龟偏肉食性（以鱼卵和小型无脊椎动物为食），长大后以海草和藻类为食，这就是其通体呈绿色的原因。绿蠵龟会游上海滩晒太阳，也会在产卵季节上岸。孵出的稚龟成堆从沙滩向大海匍匐前行，还要警惕各种喜欢吃小海龟的天敌，如螃蟹、鸟类和哺乳动物。这些天敌严重影响了绿蠵龟的存活率，因为雌龟每3到6年才产卵一次。海里的章鱼、鱿鱼、大鱼和鲨鱼都会攻击绿蠵龟。野生的绿蠵龟寿命可达80岁。但由于环境污染、人类捕食、撒网捕捞，该物种正面临灭绝危险。绿蠵龟被列为濒危物种。

非洲树蛇

—— Dispholidus typus

南非到处都能见到非洲树蛇的身影。这种爬行动物体长为1米到1.8米不等，眼睛相对较大，头部形似鸡蛋。自卫时，它的颈部会膨胀，体色随性别而变化。例如，雄蛇呈浅绿色，有时趋向于蓝色或黑色，而雌蛇则呈棕色或绿色。

非洲树蛇能适应多种环境和气候，如低地森林、灌木丛、稀树草原和草地以及南非凡波斯天然灌木林。它习惯穿梭于乔木或灌木间，很少出现在地面上。可分泌强烈毒性的尖长毒牙，使它成为对人类有害的动物。咬击敌人时，它会将毒液注入猎物体内，造成猎物大量出血而死。但对于人类来说，这种毒液的作用缓慢，可能要等24小时才首次出现中毒症状。不过，非洲树蛇性情较为内向，不属于积极攻击的蛇类。非洲树蛇未被列入名录。

巴拉望泽巨蜥

—— *Varanus palawanensis*

巴拉望泽巨蜥是菲律宾的特有物种，发现于巴拉望岛、巴拉巴克岛、卡拉棉群岛和锡布图岛。这种大型蜥蜴的身长可超过2米，喜栖息于海滨和淡水河。它以爬行过程中遇到的各种东西为食，如鸟蛋、昆虫、鱼、啮齿类动物等。动作灵敏的巴拉望泽巨蜥能爬到树顶觅食，在树枝间穿梭移动。巴拉望泽巨蜥被列为无危物种。

国王变色龙

—— *Calumma parsonii*

这种身长约60厘米的食虫类蜥蜴生活在马达加斯加的森林和河流交错的峡谷中。雄性的头部巨大，高耸如帽的肉冠让人联想到大象的耳朵。肉冠喙端的两个锯齿状凸角向外延伸，而吻部末端的另一凸角则是雄性争夺雌性的利器。打斗过程中，国王变色龙会由蓝绿色变为红色。雄性有三种体色，分别为绿色、碧绿和黄色，而雌性则只呈绿色。这种变色龙有两三条黑色或灰色的横纹，眼锥为黄色或橙色。它还有一条能卷物的长尾巴，休息时会把自己包裹起来。国王变色龙的前肢有两至三根连在一起、可钳物的手指。该物种因宠物买卖和森林砍伐而面临生存威胁。国王变色龙被列为近危物种。

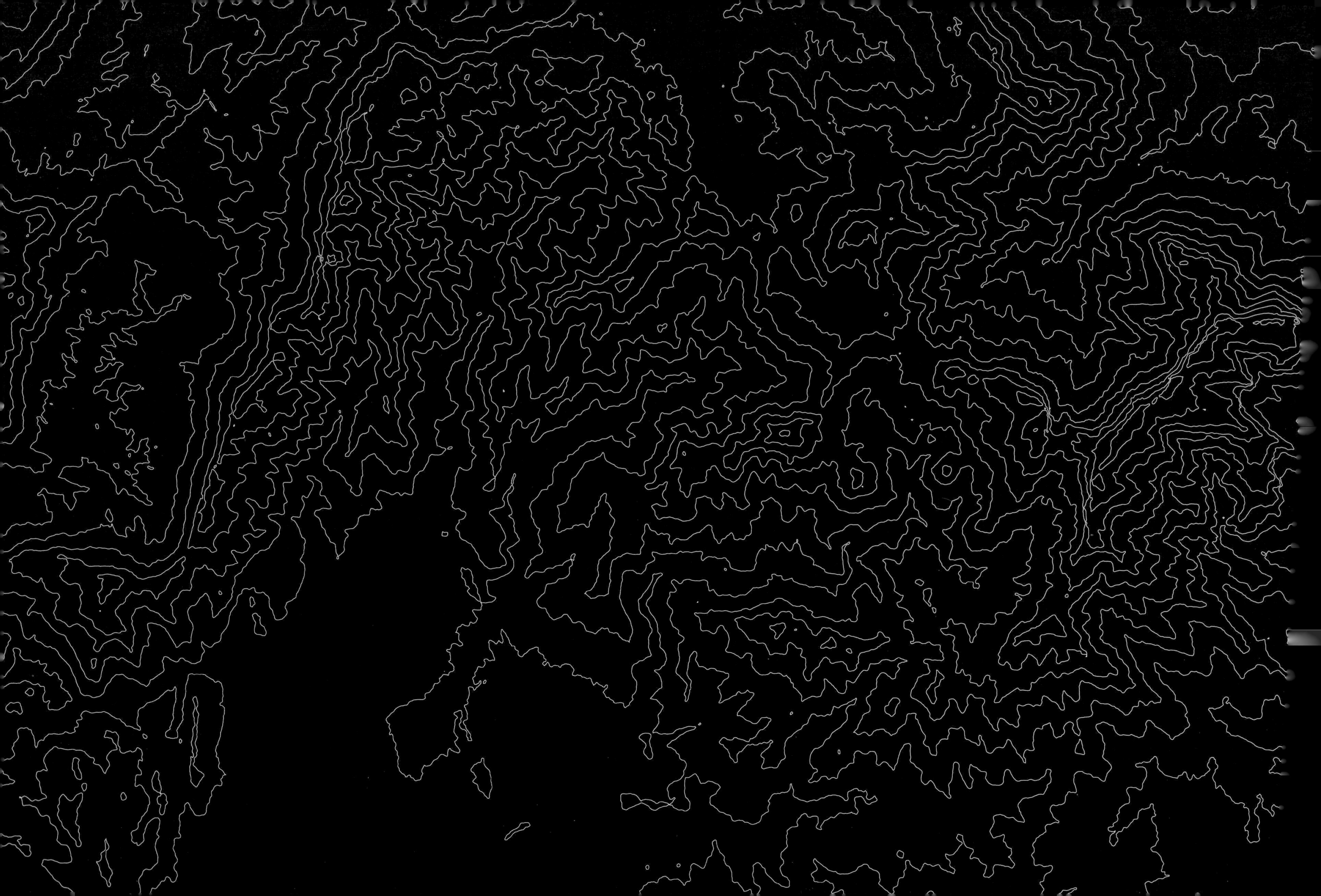

巨人疣冠变色龙

—— *Furcifer rhinoceratus*

巨人疣冠变色龙是马达加斯加的特有动物，生活在干燥落叶林区。它的辨认特征是鼻孔前端的长“角”，也由此而得名。这种小型树栖爬行动物通常栖息在低矮植被中，伸出可分泌黏性唾液的长舌捕捉昆虫。雄性体形是雌性的两倍，身长可达27厘米。由于丛林火灾和人类活动的影响，该物种的生存状态遭到了严峻挑战。巨人疣冠变色龙被列为易危物种。

印度蟒

—— *Python molurus*

印度蟒，又称亚洲岩蟒或黑尾蟒，是分布在印度次大陆和东南亚许多热带和亚热带地区的一种巨型无毒蟒蛇，身长可达3米，以哺乳动物、鸟类和爬行动物为食。印度蟒常栖息在草原、沼泽、泥潭、开阔的森林和丛林，以及河谷和岩石区。炫目的表皮和据说有药用价值的油脂，导致印度蟒频遭猎杀，濒临灭绝。印度蟒被列为近危物种。

东部绿曼巴蛇

—— *Dendroaspis angusticeps*

体色纯绿的东部绿曼巴蛇是令人闻风丧胆的捕食者，以蜥蜴和鸟类为食。这种昼行性树栖动物喜独居，栖息于森林和树木茂密的热带草原。这种西非特有的蛇类行动敏捷，能够以10千米至20千米的时速短距离迅速爬行，咬击猎物释放神经性毒液，而这种毒液可对人类造成致命伤害。所幸这种蛇不常出现在人类活动区域。该物种的生存并未遭遇威胁，但最终可能会受到森林砍伐的影响。东部绿曼巴蛇被列为无危物种。

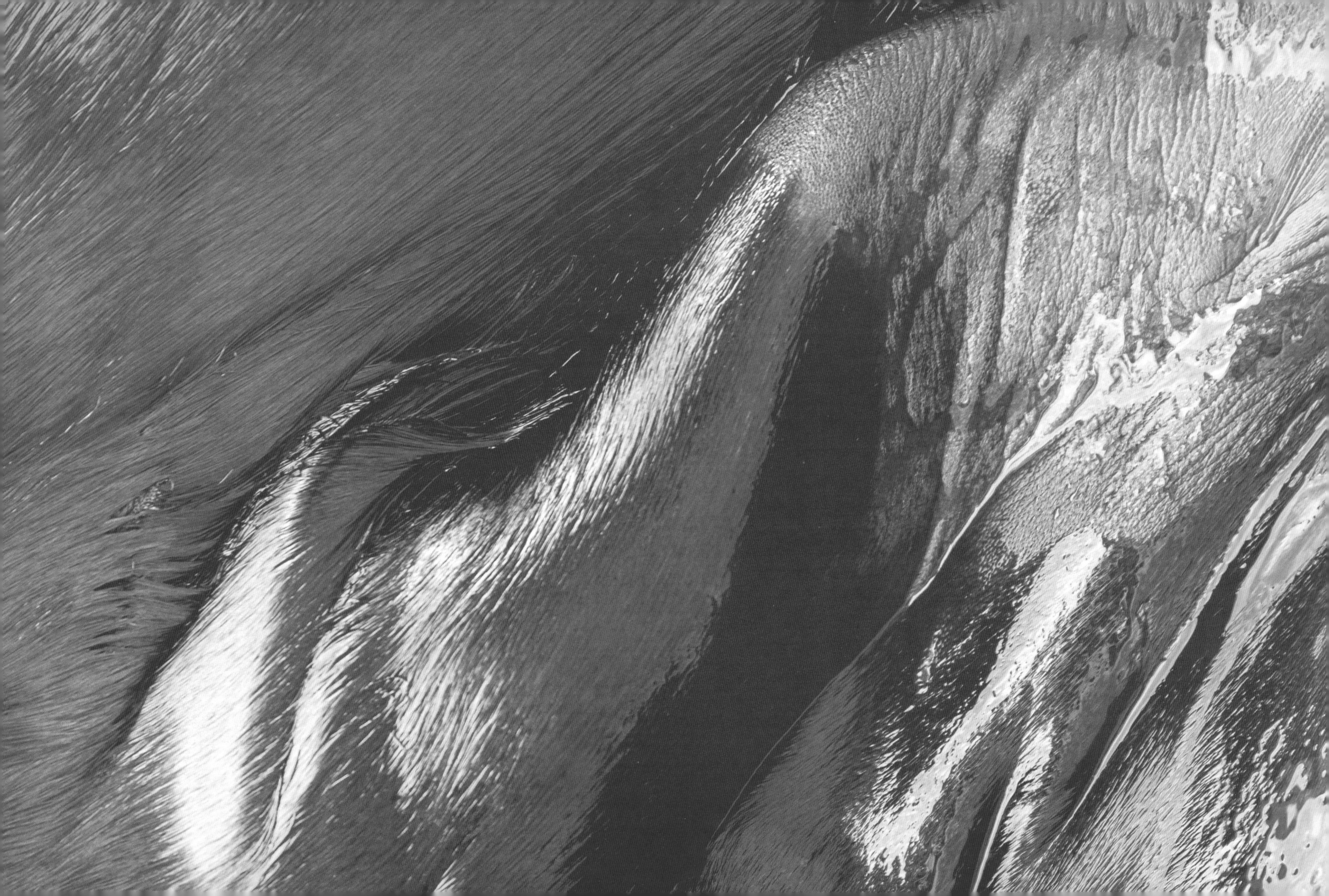

水生动物

费氏窄尾魟

—— *Pateobatis fai*

费氏窄尾魟属于魟科，分布于热带印度洋至太平洋流域。费氏窄尾魟的辨认特征是眼睛后面的鳃孔（或称鳃裂）。即便上岸了，它也能靠鳃裂呼吸，将水吸入鳃腔，再通过鳃缝排出。许多魟鱼的瞳孔都呈月牙形，保证视觉景深，限制射入视网膜的光线。它的视野范围更大，有利于更好地识别捕食者或猎物，同时提高分辨率，增加对比度。费氏窄尾魟被列为易危物种。

北海狮

—— *Eumetopias jubatus*

北海狮又称北太平洋海狮，是海狮科中体形最大的一种，寿命可达50多岁，雄性比雌性重4倍。喜群居的北海狮主要分布在北太平洋沿岸，通过嗥叫来声明自己的领地。北海狮拥有纺锤状的庞大身躯，胸部宽阔，身上长有硬鬃毛，吻部有长长的触须（类似于胡须）。它通常伺机捕食，强有力的下颚可以捕捉大量鱼类和无脊椎动物，且长而宽的胸鳍使其能在水里和陆地活动。北海狮有一层厚厚的皮下油脂，还有潜水时帮助保持干燥的毛皮，可这些都成了它惨遭猎杀的原因。作为哺乳动物，北海狮不能在水下呼吸，因此捕猎时会憋气。北海狮被列为濒危物种。

长须鲸

—— *Balaenoptera physalus*

长须鲸是世界第二大生物，仅次于蓝鲸，属于灰鲸科，体长超过20米，广泛分布在各大洋以及地中海。直到19世纪末，随着现代捕鲸业的出现，长须鲸才在此期间被人类大量捕捞。由于捕捞难度大，长须鲸得以幸免于难。然而，到了20世纪，商业性捕捞的迅速发展导致该物种陷入濒危困境。南半球和北太平洋海域自1976年开始禁止捕鲸，而北大西洋海域也从1990年开始停止捕鲸活动，只有格陵兰岛附近仍然存在少数原住民的捕鲸活动。这种保护意识帮助长须鲸的数量在40年内翻了一番，因此得以从世界自然保护联盟名录的“濒危”下调到“易危”，总体生存状况有所改善。2006年，冰岛沿海恢复了商业捕捞，但2016年和2017年期间并未捕鲸。另外，在2005年恢复商业捕捞的日本也已停止捕鲸。长须鲸被列为易危物种。

大尾虎鲛

—— *Stegostoma fasciatum*

大尾虎鲛又称豹纹鲨，因幼鱼身体布满条纹而得此名，成年后条纹变成黑斑。大尾虎鲛分布于印度洋和太平洋的热带和亚热带水域，主要栖息在珊瑚礁周边的沙地上，能游动深度超过62米。沿海渔民经常捕捉这种小型鲨鱼，一整条打捞上岸后，鱼鳍、晒干的鱼皮、鱼肉和软骨都有经济价值。虽然并未有数据证明该物种数量呈下降趋势，但市场研究和渔民反馈表明，大尾虎鲛比过去更少见了。大尾虎鲛被列为濒危物种。

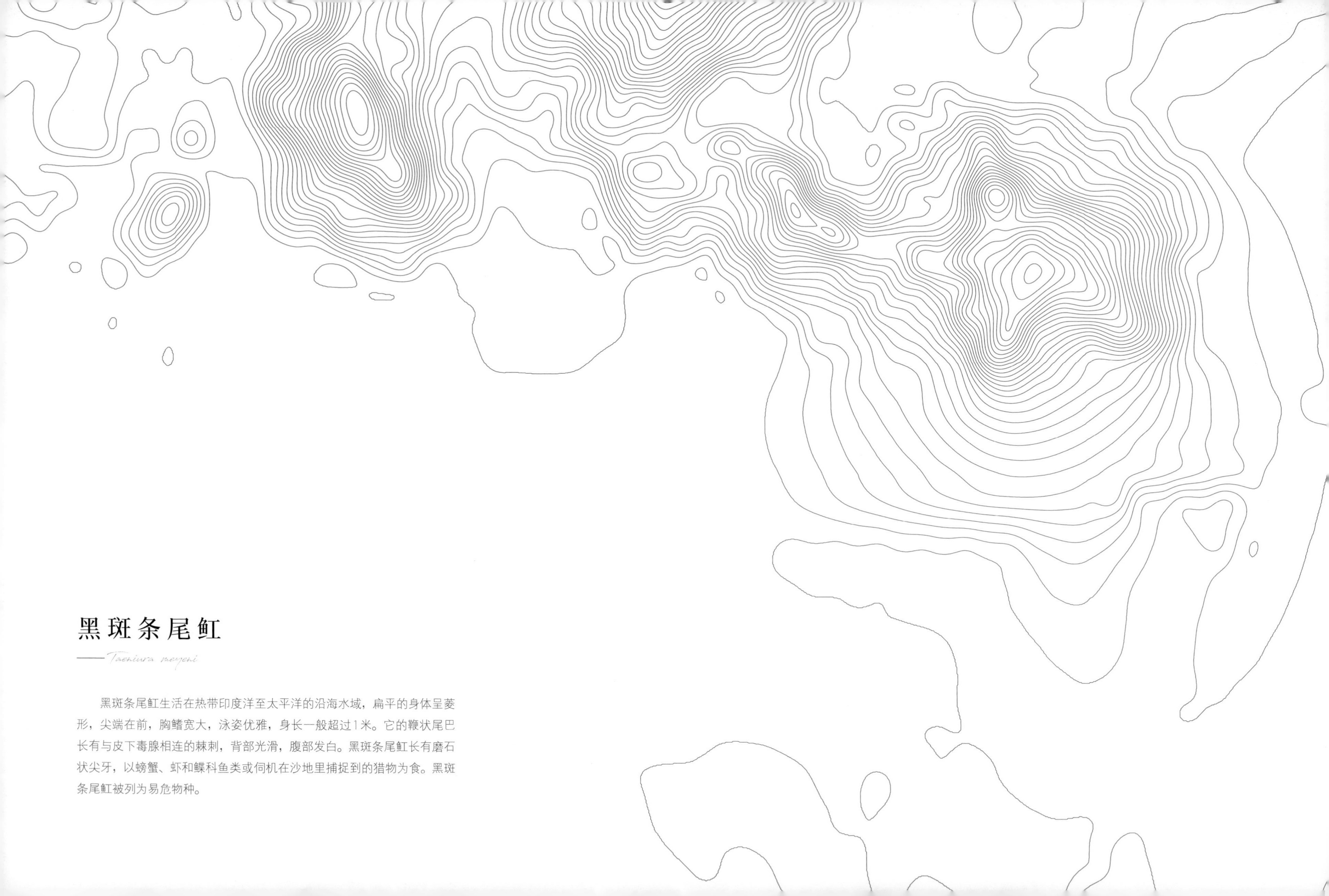

黑斑条尾魟

——*Taeniura meyeni*

黑斑条尾魟生活在热带印度洋至太平洋的沿海水域，扁平的身体呈菱形，尖端在前，胸鳍宽大，泳姿优雅，身长一般超过1米。它的鞭状尾巴长有与皮下毒腺相连的棘刺，背部光滑，腹部发白。黑斑条尾魟长有磨石状尖牙，以螃蟹、虾和鲽科鱼类或伺机在沙地里捕捉到的猎物为食。黑斑条尾魟被列为易危物种。

作者简介

阿兰·埃尔努（Alain Ernoult）

早在17岁时，有着敏锐洞察力的阿兰·埃尔努就开始游历世界，颇具冒险精神的他去马里为当地部落运送药物，以搭便车的方式开启了漫长的非洲穿越之旅！

一天晚上，打地铺的他惊觉有东西从身边爬过，原来是世界上最致命的动物之一——曼巴蛇寻暖而来。阿兰自知，一旦被咬便会在一分钟内丧命！于是他丝毫不敢妄动，虽无法动弹，但极力保持了镇定，就这么坚持了漫长的数秒钟。

这次令人骨寒毛竖的经历，无疑激发了阿兰对野生动物的热情，以及对摄影职业的向往。他观察事物细致入微、注重细节，不断寻求与自然的亲近交流，建立彼此的默契。但他不甘只成为见证者，还希望能分享自己的视角和感受。自然主义者的激情和艺术家的独特视角交互，碰撞出绚烂的火花。他对美的热爱与记录自然世界脆弱一面的期望完美结合在一起。

热衷于与人和自然交流的阿兰通过摄影作品升华自然，也改变了我们的观察尺度。原以为生物多样性是永恒不变的，但反映真实的影像表明，我们再不可熟视无睹。这些照片生动呈现出自然生物的危机状况，让我们体会到保护自然迫在眉睫。

与大自然奥秘相遇的阿兰·埃尔努惊叹于无穷无尽的生物多样性。他用双眼捕捉到世上昙花一现的美好，并通过摄影呈现出来。他写的每一篇报道都是对真理的追求，其艺术手法是真实性和审美性的融合。他认为，摄影师有时免不了冒险行事，但最重要的是细心观察、耐心等待与懂得舍弃。要想探索动物的奥秘，就必须尽可能地拉近彼此距离，建立交流不可或缺的信任关系。但结果如何终究取决于动物。有一天，一只黑冕鹤飞落他身边，开始翩翩起舞，似乎想吸引他的注意。随后，阿兰和这只黑冕鹤如同伴一样相处了一整天！

坚持不懈是做好报道的关键。阿兰·埃尔努虽然大半生的时间都在世界各地旅拍，但孩童般的视角和天生的好奇心依旧未变。他的摄影作品被呈现于各类书籍、著名杂志和世界各地的展览中。

阿兰·埃尔努生于诺曼底，定居巴黎不久后便开始以大自然为题材进行拍摄。这种熊熊燃烧的激情让他坚持至今。30多年来，他大量报道亚马孙流域至南极地区的野生动物生存境况，着重展现地球的自然历史。他的摄影作品传达了他对自然的热爱之情和对地球的好奇之心。以民族风貌、偏远地区和濒危物种为摄影题材的阿兰·埃尔努，用辛勤工作的成果和不单纯局限于影像的艺术表达方式赢得了广泛赞誉。他的摄影作品获得了超过35个国际奖项，其中包括世界摄影报道记者最高荣誉——荷赛奖（WPP，世界新闻摄影比赛）。他在国际各类报刊上发表过12,000多页专题报道，其中包括总计400页的《巴黎竞赛画报》（*Paris Match*）报道。阿兰·埃尔努于2012年和2018年分别当选为“年度野生动物摄影师大赛”（Wildlife Photographer of the Year）的年度摄影师，他同时还是23本摄影书籍的作者。他曾被授予法国国家功勋奖荣誉称号。

动物名称索引

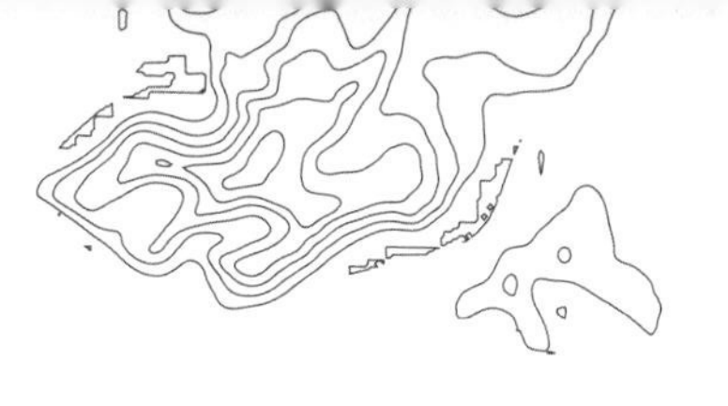

致 谢

本书是近几年的环球旅拍成果。在此，衷心感谢曾在拍摄冒险之旅期间给予我支持的人，多亏了他们的热心帮助与友好信任，我才能够完成此书。

真诚向所有人致谢，尤其是Frédéric Chesneau、Catherine Chevrel、Guillaume Clavières（《巴黎竞赛画报》）、Olivier de Kersauzon、Lyne Deshaies、Michelle Dumetier、Hervé Duxin、Élodie(187 com)、Florence Fayolle（法国环境部）、Jean-Marc Félix、Karine Foucaud(Hereban)、Claude Foucault(Jetcom)、Solange Fouqueray。Suzy Fournier、Yvan Gilbert、Denis-Pierre Guidot (Adobe)、Philippe Lachot (Photo Denfert)、Denis Lebouteux (Tanganyika Expeditions)、Emmanuel Molia、Olivier Royant（《巴黎竞赛画报》）、Catherine Senecal (Travel Manitoba)、Guy Schumacher、Sandra Teakle (Destination Canada)、Laurence Theobald、Jacques-Olivier Travers和Talia Valenta (Tahiti Tourism)。

同时感谢Astrig Boghossian、Manfrotto、Jean-Marc Crépin（Azur Drones）、Cognisys Inc、Columbia、Jama和Handpresso。

特别鸣谢Nicole Desbras。

谨将此书献予所有热衷于保护动物和地球家园的同路人。

最后，还要献予我女儿Clara。

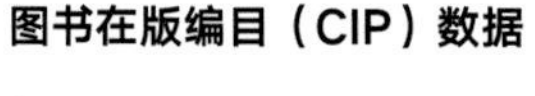

图书在版编目（CIP）数据

第六次物种大灭绝：它们即将消逝／（法）阿兰·埃尔努（Alain Ernoult）著；钟欣奕译．—武汉：华中科技大学出版社，2021.9（2024.4重印）

ISBN 978-7-5680-7430-8

Ⅰ．①第… Ⅱ．①阿… ②钟… Ⅲ．①濒危动物－图集 Ⅳ．①Q111.7-64

中国版本图书馆CIP数据核字(2021)第152968号

La Sixième Extinction by Alain Ernoult

Current Chinese translation rights arranged through Divas International, Paris 巴黎迪法国际版权代理 (www.divas-books.com)

Published by Editions E/P/A -Hachette Livre 2020

This edition first published in China in 2021 by Huazhong University of Science and Technology Press, Beijing

湖北省版权局著作权合同登记 图字：17-2021-153号

出版发行：华中科技大学出版社（中国·武汉） 电话：(027) 81321913

华中科技大学出版社有限责任公司艺术分公司 电话：(010) 67326910-6023

出 版 人：阮海洪

责任编辑：莽 昱 杨梦楚

责任监印：赵 月 黄鲁西 封面设计：杨琳萱

制 作：北京博逸文化传播有限公司

印 刷：北京市房山腾龙印刷厂

开 本：787mm×1092mm 1/8

印 张：32

字 数：60千字

版 次：2024年4月第1版第2次印刷

定 价：368.00元

华中出版

本书若有印装质量问题，请向出版社营销中心调换

全国免费服务热线：400-6679-118 竭诚为您服务